一本书看透3亿年里万物飞行的奥秘

飞行学校

飞行简史与3D纸模型

[英]迈克·巴菲尔德 著绘　　叶红婷 译

世界图书出版公司

北京·广州·上海·西安

U0173696

图书在版编目（CIP）数据

飞行学校：飞行简史与 3D 纸模型 /（英）迈克·巴菲尔德著绘；叶红婷译 . — 北京 : 世界图书出版有限公司
北京分公司 , 2021.9
书名原文：Flight School: From Paper Planes to Flying Fish, More Than 20 Models to Make and Fly
ISBN 978-7-5192-8305-6

Ⅰ.①飞… Ⅱ.①迈… ②叶… Ⅲ.①飞行 – 普及读物 Ⅳ.① V323–49

中国版本图书馆 CIP 数据核字（2021）第 032854 号

First published in Great Britain in 2019 by Buster Books, an imprint of Michael O´Mara Books Limited.
Copyright © Mike Barfield 2019
Layout copyright © Buster Books 2019
The simplified Chinese translation rights arranged through Rightol Media
（本书中文简体版权经由锐拓传媒旗下小锐取得 Email:copyright@rightol.com）

书　　名	飞行学校 : 飞行简史与 3D 纸模型	
	FEIXING XUEXIAO:FEIXING JIANSHI YU 3D ZHI MOXING	
著　　绘	［英］迈克·巴菲尔德	
译　　者	叶红婷	
责任编辑	尹天怡　刘虹	
特约编辑	罗爽	
装帧设计	秋千童书设计中心	
出版发行	世界图书出版有限公司北京分公司	
地　　址	北京市东城区朝内大街 137 号	
邮　　编	100010	
电　　话	010-64038355（发行）　64037380（客服）　64033507（总编室）	
网　　址	http://www.wpcbj.com.cn	
邮　　箱	wpcbjst@vip.163.com	
销　　售	各地新华书店	
印　　刷	天津创先河普业印刷有限公司	
开　　本	889 mm×1194 mm　1/16	
印　　张	5	
字　　数	96 千字	
版　　次	2021 年 9 月第 1 版	
印　　次	2021 年 9 月第 1 次印刷	
版权登记	01-2021-0974	
国际书号	ISBN 978-7-5192-8305-6	
定　　价	118.00 元	

如有质量或印装问题，请拨打售后服务电话 010-82838515

目 录

第一部分 飞行简史

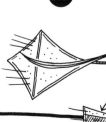

第二部分 模型

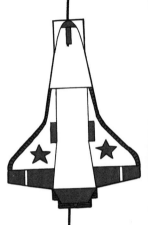

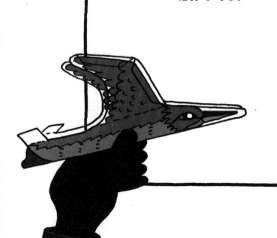

怎样才可以飞

在地球上，空气使飞行成为可能。飞行时，机翼、旋翼或动物的翅膀在运动中会产生向上的推力，或抵抗重力的力，这使它们不会坠落到地面。

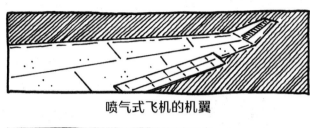

喷气式飞机的机翼

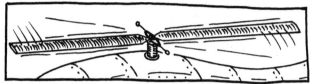

直升机的旋翼

飞行中有四种力作用在物体上：

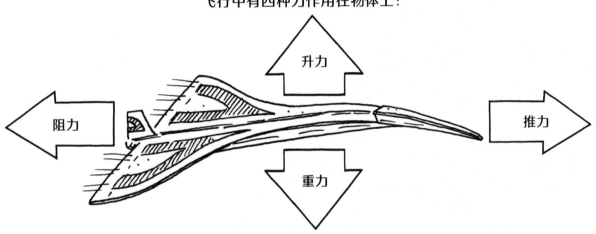

向上的力是升力。重力是由地球引力产生的向下的力（这种力会将物体拉向地心的方向）。推力会推动物体向前，而阻力会让物体的速度降低。这四种力需要得到适当的平衡，物体才能飞起来。

对飞机来说，推力是由发动机产生的，会飞的动物会用它们的肌肉产生推力和升力。但对于本书中的模型来说，推力来自你手臂的肌肉。

严格来说，这些模型没有发动机，因此它们是在滑翔，而不是主动地飞。滑翔没有动力来源，是靠重力和空气浮力完成的。

如何调整？

为了让模型飞得更好，需要在其中一些模型上装上回形针，好让模型的前部更重。将翅膀或机翼的尖部向上或向下卷也会有帮助，因为这会改变模型在垂直方向所受力的大小和方向，进而帮助模型上升或下降。

湿地"巨无霸"

昆虫是最早飞到空中的动物。专家在化石中发现的证据表明,昆虫早在距今约3.54亿—2.92亿年前的石炭纪,就进化出了翅膀。翅膀能让昆虫更方便地找到新的栖息地、更多的食物和更多的交配对象。

一些昆虫是会飞的"巨无霸"

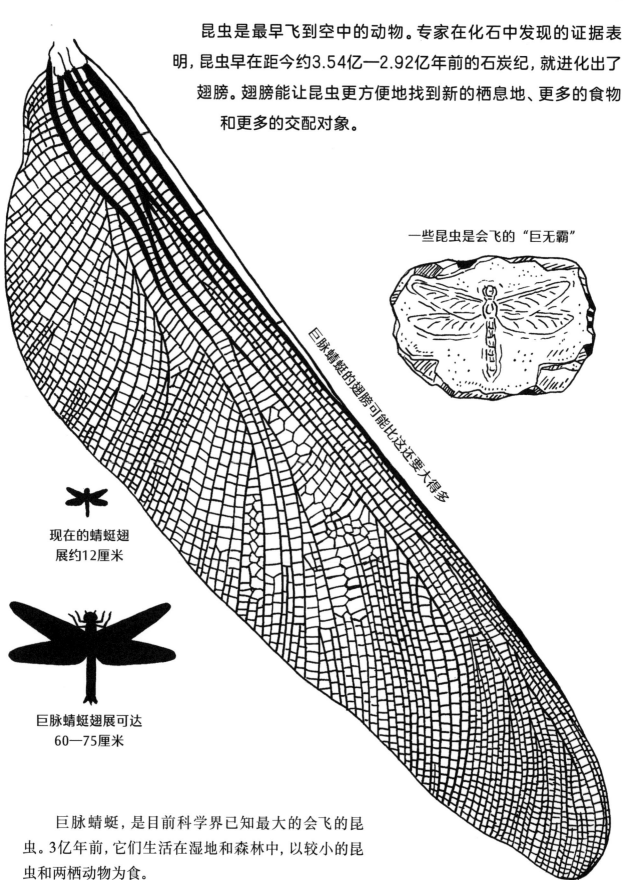

巨脉蜻蜓的翅膀可能比这还要大得多

现在的蜻蜓翅展约12厘米

巨脉蜻蜓翅展可达60—75厘米

巨脉蜻蜓,是目前科学界已知最大的会飞的昆虫。3亿年前,它们生活在湿地和森林中,以较小的昆虫和两栖动物为食。

人们认为，巨脉蜻蜓之所以能长这么大，是因为石炭纪时期的空气含氧量比我们今天的要高得多。这意味着当时的昆虫在保持较大体形的情况下，还能有效地呼吸。

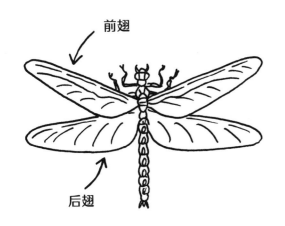

前翅

后翅

蜻蜓的飞行动作非常敏捷。它们可以单独扇动每只翅膀，让自己能够悬停（在空中保持位置不动）、滑翔，向各个方向飞行，其中也包括向后飞行。

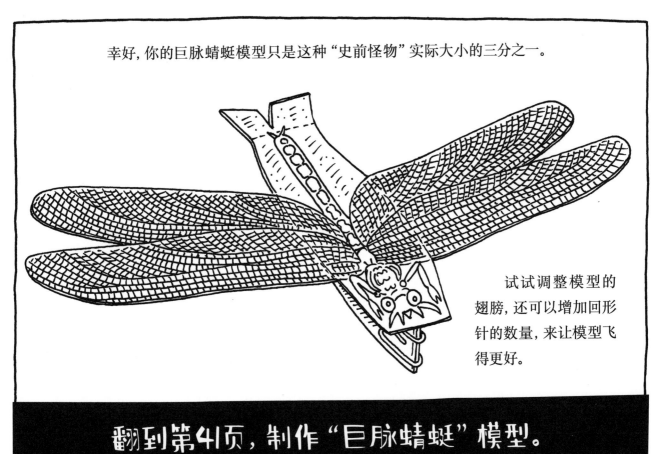

幸好，你的巨脉蜻蜓模型只是这种"史前怪物"实际大小的三分之一。

试试调整模型的翅膀，还可以增加回形针的数量，来让模型飞得更好。

翻到第41页，制作"巨脉蜻蜓"模型。

不可思议的昆虫

有的科学家认为,在我们的地球上,昆虫的物种数大约占动物物种总数的80%多,已知的大约有100多万种,其中的大多数都会飞。

在所有现存的昆虫中,生活在中美洲和南美洲的白女巫蛾的翅展最大,可达30厘米。

大多数昆虫有两对翅膀,但家蝇只有一对翅膀。尽管这样,家蝇却能向前飞,向后飞,侧飞,还能上下飞,灵活多变的飞行路线使得人们很难打到它们。

1厘米

有一种虻被认为是飞得最快的昆虫。它身长不到1厘米,但有研究人员估算它的飞行速度最高可达145千米/小时。

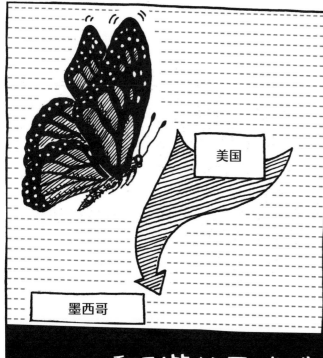

美国

墨西哥

帝王蝶(中文名黑脉金斑蝶),是一种橙黑相间的蝴蝶。有的种群每年都要在美国和墨西哥之间迁徙数千千米。帝王蝶比一只回形针还要轻。只要有可能,帝王蝶就会通过放慢飞行速度和长距离地滑翔来保存体力。

翻到第43页,制作"帝王蝶"模型。

飞行动物的化石

化石记录显示，大约在2亿多年前，第一批会飞的脊椎动物（有脊椎骨的动物）就在地球上出现了。科学家把它们叫作翼龙。它们的翼是由极度伸长的前肢第四指和体侧之间的翼膜构成的。

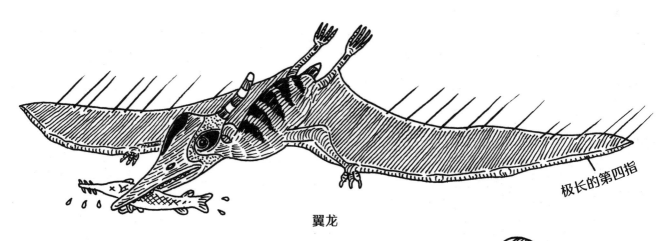

极长的第四指

翼龙

大约在1.5亿年前，地球上存在着一种长有羽毛的小型恐龙，它们能短距离地飞行，有些像现在的野鸡飞。科学家将之命名为始祖鸟。

始祖鸟和乌鸦差不多大，和其他恐龙一样长有牙齿和爪子。

风神翼龙

风神翼龙是翼龙的一种，是已知最大的会飞的动物。它和长颈鹿一样高，翼展可达10米以上。

始祖鸟

大约在6600万年前，翼龙就和其他恐龙一起灭绝了，始祖鸟也灭绝了，而鸟类作为恐龙的后代一直生存到现在。

翻到第45页，制作"始祖鸟"模型。

飞行的奇迹

鸟类是非常出色的飞行者。虽然鸟类的祖先是恐龙，但在进化的过程中，它们的身体变得非常适应飞行。鸟类的骨头是空心的，这使它们的身体很轻，除此以外它们还有强有力的翅膀肌肉和结实又有弹性的羽毛。

鸟的翅膀有一处的形状是弯曲的，飞机的翼型设计就来源于此。翅膀的上面向上拱，这样，翅膀上面的气压要小于下面的气压，就会产生升力，让鸟儿能在空中高飞和滑翔。

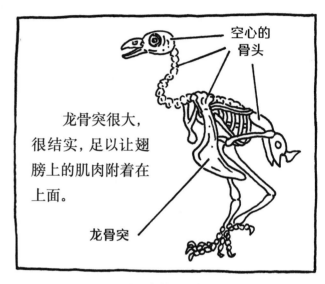

空心的骨头

龙骨突很大，很结实，足以让翅膀上的肌肉附着在上面。

龙骨突

野鸡的骨骼

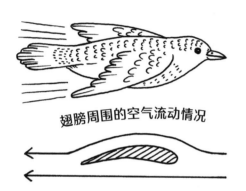

翅膀周围的空气流动情况

鸟类翅膀和身体的形状有很多种。
不同形状的翅膀具有不同的功能。下面是几种翅膀的类型：

椭圆形翼

特征：适合快速起飞、急转弯和低速飞行
例如：麻雀、啄木鸟、喜鹊等

高速翼

特征：飞行速度快，适合在飞行中掠食或长途迁徙
例如：燕、蜂鸟、隼等

高举翼

特征：能在强而稳定的气流中长时间滑翔
例如：秃鹫、鹰等

翱翔翼

特征：可以灵活地滑翔，利用小范围的上升气流做往返盘旋
例如：军舰鸟、鲣鸟、信天翁等

10

游隼

游隼是冲刺速度最快的鸟。它在俯冲加速时，最高速度可超过380千米/小时，比高铁和F1赛车还要快。

金雕也是一种飞得很快的鸟，俯冲速度可达320千米/小时。金雕能借上升的热气流长时间翱翔。

金雕

翼展最大的鸟是漂泊信天翁。它可以让双翼保持滑翔的姿势，几乎不用扇动翅膀也可以在空中待几个小时。

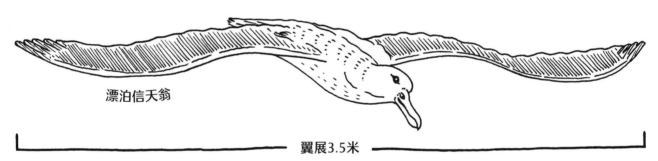

漂泊信天翁

翼展3.5米

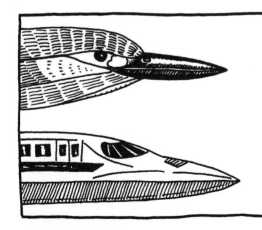

翠鸟体形小，飞行速度快。它有一个长而锋利的喙，扎入水中捕鱼时基本不会溅起水花。日本新干线子弹列车，就是用了这种流线型的外观，降低了列车行驶过程中的空气阻力。

翻到第47页，制作"金雕"模型。

翻到第49页，制作"翠鸟"模型。

别具一格的下坠

尽管说起很多脊椎动物时，人们都说它们能飞，但实际上并不是这样。通常，这些动物只是可以滑翔，并不是真的能飞行。蝙蝠是唯一能真正持续飞行的哺乳动物。

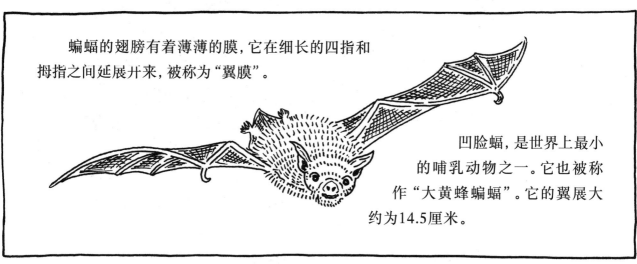

蝙蝠的翅膀有着薄薄的膜，它在细长的四指和拇指之间延展开来，被称为"翼膜"。

凹脸蝠，是世界上最小的哺乳动物之一。它也被称作"大黄蜂蝙蝠"。它的翼展大约为14.5厘米。

世界上的蝙蝠有1000种左右。大部分蝙蝠在夜间活动，以水果或昆虫为食。轻薄的翅膀让蝙蝠能够迅速而敏捷地飞行。

巴西无尾蝙蝠水平飞行时的速度非常快，可达160千米/小时，这是哺乳动物飞行速度的世界纪录。

在所有蝙蝠中，体形巨大的菲律宾果蝠的翼展最大，可达1.7米。

鼯猴在东南亚的森林中，可以从一棵树滑翔到另一棵树，滑翔距离可达70米。与蝙蝠类似，鼯猴也是通过张开带有绒毛的翼膜利用气流"飞行"。这种稀有动物又叫"飞狐猴"，不过名不副实，因为它并不是狐猴，事实上也不会飞，它只是用翼膜在空中滑翔。

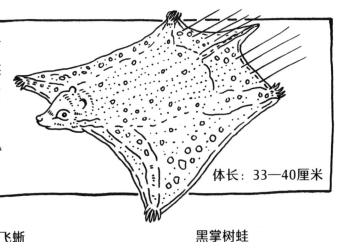

体长：33—40厘米

鼯鼠

体长：通常约30厘米

鼯鼠分布在世界上的很多地方，它们可以在树和树之间滑翔。

飞蜥

体长：约20厘米

有的亚洲飞蜥可以将其肋骨延展开来，形成平展的大"翅膀"，从而在树和树之间滑翔。

黑掌树蛙

体长：8—10厘米

黑掌树蛙发达的大脚蹼像降落伞一样，帮助它在亚洲的森林中从树上滑翔到地面。

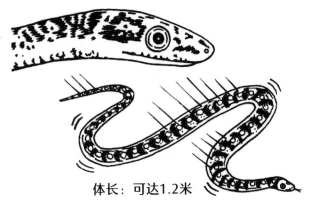

体长：可达1.2米

东南亚的飞蛇（天堂金花蛇）会爬到树上，然后将自己甩离树枝，飞到空中。这种蛇会将自己的身体变得扁平，这样它们就能像摇摆的飞盘一样在空中滑翔。

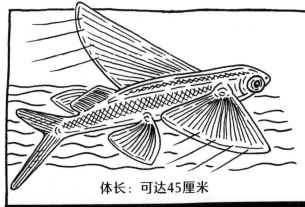

体长：可达45厘米

飞鱼生活在世界上大部分的海洋中。它们的"翅膀"实际上是鱼鳍。它们会高速跃出水面，然后可以滑翔几十米甚至上百米远。如果赶上一股上升气流，它们还能滑翔更远，这样就能逃脱海豚之类的捕食者。

翻到第51页，制作"鼯猴"模型。

翻到第53页，制作"飞鱼"模型。

快速飞行的种子

许多植物靠风力将种子传播得又远又广。有些种子，比如槭树的种子，会快速旋转或缓慢下降，这样就能在空中待得更久。还有些种子，比如蒲公英的种子，就像小小的降落伞，会随风飘移。

槭树

槭树会结出"带翅膀"的种子，这样的果实被称为"翅果"。翅果落下时会像螺旋桨一样旋转。科学家正在研究它们的构造，希望能制造出以类似方式运转的单叶直升机旋翼。

种子在这里

这种旋转运动被称为"自旋式"。

有些树能长到30米高。

常见的蒲公英

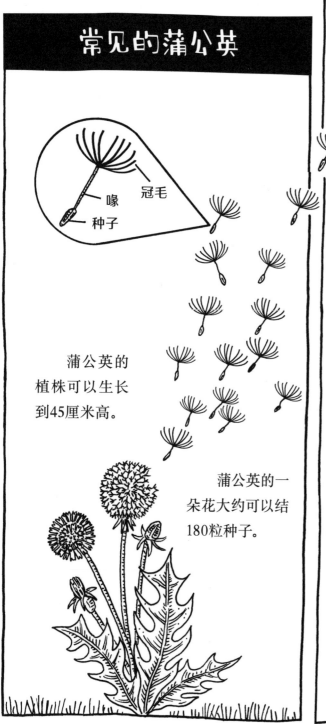

冠毛

喙

种子

蒲公英的植株可以生长到45厘米高。

蒲公英的一朵花大约可以结180粒种子。

旋翼果树

这种树也被称为"直升机树"或"螺旋桨树"。旋翼果树会结出一簇簇令人惊叹的种子。它们就像带着翅膀一样,坠落时会在风中旋转。

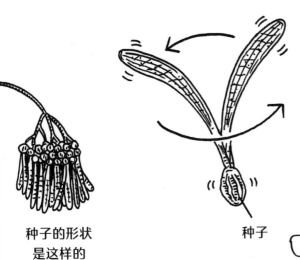

种子的形状是这样的

种子

这种树的另一个名字是"臭木",因为它们的花有一股臭味。

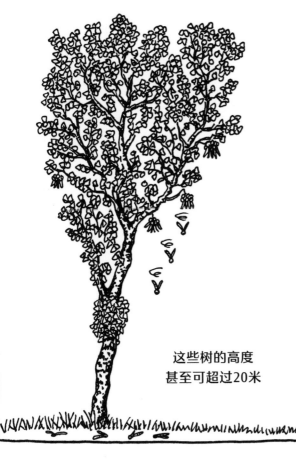

这些树的高度甚至可超过20米

翅葫芦

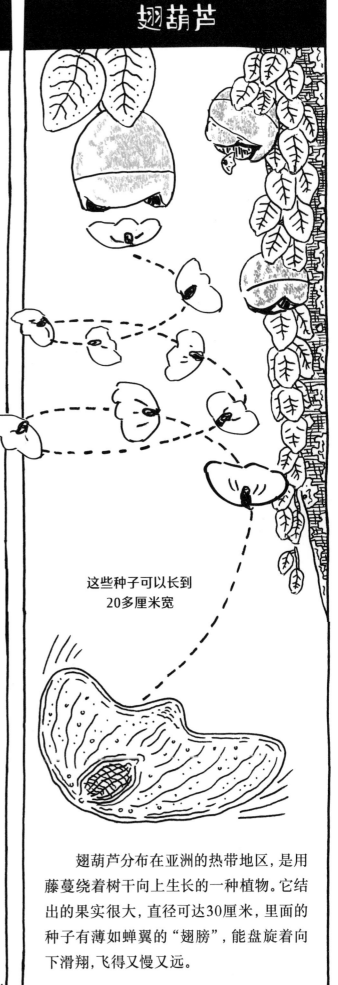

这些种子可以长到20多厘米宽

翅葫芦分布在亚洲的热带地区,是用藤蔓绕着树干向上生长的一种植物。它结出的果实很大,直径可达30厘米,里面的种子有薄如蝉翼的"翅膀",能盘旋着向下滑翔,飞得又慢又远。

关于飞行的传说

现代人类出现在地球上大约30万年了，而人们对飞行的梦想也几乎持续了同样长的时间。下面是关于人类尝试飞行的一些故事。

在人类早期尝试飞行的传说中，最有名的是一个古希腊传说。传说里有一位聪明的发明家名叫代达罗斯，他的儿子叫伊卡洛斯。

哎呀……

《伊卡洛斯的坠落》——源自17世纪的一幅版画

代达罗斯因为失去了国王的信任，和他的儿子被囚禁在岛上的一座高塔里。这对父子想要逃走，为此代达罗斯用海鸥的羽毛和蜡为他俩各做了一对翅膀，并警告儿子伊卡洛斯一定要小心，不能飞得太高离太阳太近，否则蜡就会融化。

他们把翅膀绑在胳膊上，然后像鸟儿一样从高塔里飞了出来。伊卡洛斯沉醉在兴奋中，将父亲的警告忘到了九霄云外，他飞得越来越高，离太阳越来越近。悲剧发生了，他翅膀上的蜡融化了，羽毛纷纷散落，伊卡洛斯坠入了汪洋大海之中。

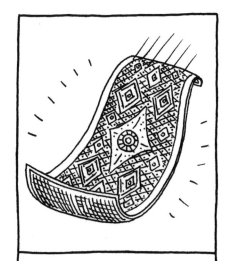

在英国民间传说中，有一个关于布拉杜德国王的故事。故事里说，他为了维护自己的威望，制造了一对大翅膀。不幸的是，他戴上翅膀一从阿波罗宫跳出，就急坠直下，重伤身亡了。

我们熟知的《一千零一夜》，是古时候诞生在中东地区的民间故事集，里面有一个故事就是以一块神奇的飞毯为主角的。

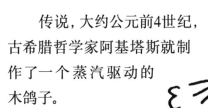

传说，大约公元前4世纪，古希腊哲学家阿基塔斯就制作了一个蒸汽驱动的木鸽子。

回力镖在澳大利亚土著人的神话中占有重要位置，那些故事至少有1万年的历史了。回力镖可能是人类制造的、最早的重于空气的飞行工具。回力镖很可能是由猎人们用来攻击猎物的扁棍发展演变来的。

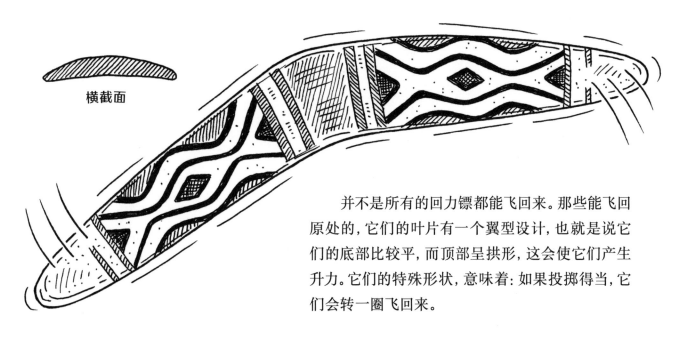

横截面

并不是所有的回力镖都能飞回来。那些能飞回原处的，它们的叶片有一个翼型设计，也就是说它们的底部比较平，而顶部呈拱形，这会使它们产生升力。它们的特殊形状，意味着：如果投掷得当，它们会转一圈飞回来。

翻到第57页，制作"会返回的回力镖"模型。

中国制造

如果没有纸，也就不会有纸飞机了。大约2000年前，中国有一位发明家叫蔡伦，人们认为是他发明了造纸术。传说他注意到马蜂把木头嚼成木浆，造出来的蜂巢又轻薄又干燥，他受此启发发明了造纸术。但是也有人认为他只是改进了造纸术。

蔡伦（约62—121）

蜂巢

如今，造纸术和印刷术、火药、指南针被合称为"中国古代的四大发明"。

造纸术先在亚洲迅速传播开来。例如在日本，就有把纸张折叠成物品的艺术：日本折纸艺术。

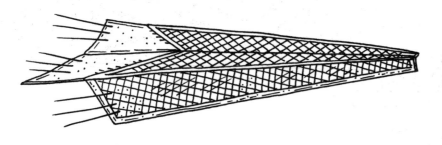

第一个纸飞机也很可能是中国人在发明纸张不久后折叠出来的。

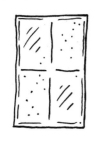

纸的质地比较细密，它越重产生的阻力越大。但是，它又很结实，空气无法穿过它。比较轻薄又坚韧的纸，很容易弯折或塑造成各种形状，就像现在用在制造飞机上的铝一样，适合用来做纸飞机。

翻到第59页，制作中式纸飞机——"龙飞镖"模型。

鲁班
（约公元前507—？）

墨子
（约公元前470—
公元前376）

传说大约在2500年前，中国人还发明了风筝。这项发明要归功于两个著名的人物，一个是一位木匠，名叫鲁班；另一个是一位哲学家，名叫墨子。不过，他们的风筝都是用木头做的，叫作"木鸢"。

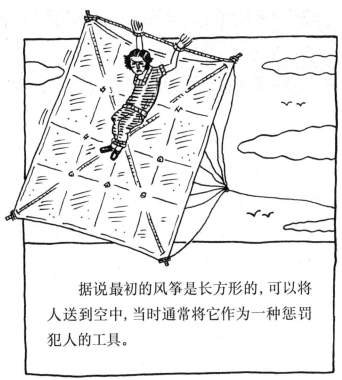

据说最初的风筝是长方形的，可以将人送到空中，当时通常将它作为一种惩罚犯人的工具。

唐代以前，风筝是以丝绸和竹子为材料制成的。中国的风筝在战争中常被用来传递信号和测量距离。大约在唐朝时，风筝的制作工艺才传播到日本。

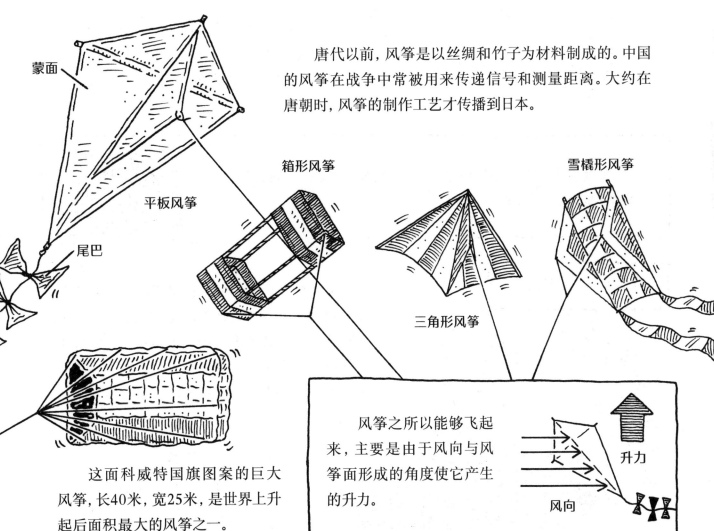

蒙面

尾巴

平板风筝

箱形风筝

三角形风筝

雪橇形风筝

这面科威特国旗图案的巨大风筝，长40米，宽25米，是世界上升起后面积最大的风筝之一。

风筝之所以能够飞起来，主要是由于风向与风筝面形成的角度使它产生的升力。

升力

风向

翻到第61页，制作"风筝"模型。

创造纪录的人

你不需要做什么危险的事情就能成为打破世界纪录的人。日本纸飞机设计师户田拓夫就证实了这句话。他折的一个纸飞机，保持着飞行时间最长的世界纪录。它在空中飞行了29.2秒，真是不可思议！2010年，在日本福山市一家体育馆里，户田拓夫创下了纸飞机在空中飞行时间最长的世界纪录。

纪录保持者 户田拓夫

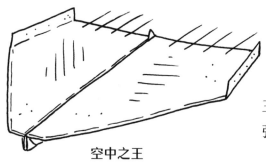

空中之王

户田拓夫将他设计的飞机称作"空中之王"。这架纸飞机机身的长度仅有10厘米，由一张完整未剪切的薄纸做成。

想想你能不能打破这项纪录呢？一些纸飞机爱好者都想突破30秒大关，为什么不试试呢？

约翰·M.柯林斯

纸飞机飞行距离最远的世界纪录保持者是乔·阿尤布和纸飞机设计师约翰·M.柯林斯。约翰当时是著名的纸飞机大师。2012年2月26日，他们制作的纸飞机在加利福尼亚州的空军基地飞出了69.14米的距离。这几乎是一个网球场长边的3倍。

约翰用妻子的名字"苏珊"命名他的纸飞机

如果你想打破这个世界纪录，你需要一架性能良好的纸飞机。你可以从一个非常棒的模型——中村锁飞机开始尝试，这一设计是现代纸飞机的经典。中村锁是以它的发明者——日本天才折纸大师中村英儿的名字命名的。

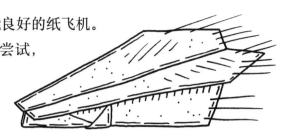

如何用A4纸折出中村锁纸飞机？

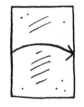

将纸的长边对齐

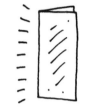

压出一道折痕

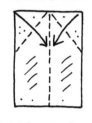

将纸打开，把上面两个角向下折向中间的折痕

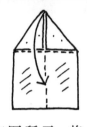

如图所示，将上半部分的三角形向下折叠

将上面两个角折向中间折痕处，两个角的顶点对准"✗"的交叉处

如图所示，将小三角形向上折，压住上一步折到这里的两个角

把它翻转过来，沿中线对折

将A向B折叠，折出一侧机翼

以同样的方式折出另一侧的机翼

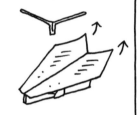

调整机翼，并让翼尖向上卷翘。好了，现在试试你的纸飞机吧

纸飞机历史上的另一件大事发生在2011年，英国的一个小团队在德国上空37千米的地方，从一个气象探测气球上，放出了200个纸飞机。这些纸飞机上安装了储存卡。有些纸飞机飞了很远的距离，才回到地面。有的甚至飞到了澳大利亚。

不怕死的"鸟人"

早期人类很多尝试飞行的灵感都来自伊卡洛斯的故事（详见第16页）。人们把像鸟类的翅膀一样的东西绑到胳膊上，然后从高塔上一跃而下。但大多数人最后都以骨折告终，甚至还有人失去了生命。确实有一些关于早期"鸟人"的记录，但我们无从考证故事的真实性，其中的一些故事听上去也有些难以置信。

据说，有一个不怕死的人名叫阿芒·菲尔曼，852年，他从西班牙科尔多瓦城的一个高塔上跳了下来。他飞下来时张开他那件硬挺的斗篷，这减慢了他坠落的速度，救了他一命。

一位信仰伊斯兰教的发明家阿巴斯·伊本·菲纳斯（810—887）目睹了阿芒的飞行尝试。875年，在对鸟类进行了长达20年的研究后，阿巴斯戴着用羽毛和丝绸制成的一对翅膀，也从科尔多瓦的一个高塔上跳了下来。据说他飞了相当远的一段距离，但着陆不太好，伤到了后背。

传说在1010年，英国马姆斯伯里镇一位名叫艾尔默的传教士从一座高塔上跳下来，飞行了15秒钟。但不幸的是，他在落地的时候摔断了双腿。

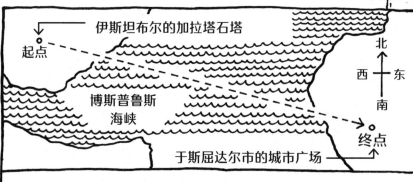

1632年，土耳其一位名叫赫扎芬·艾哈迈德·切莱比的飞行先驱身披鹰翅状翅膀，从伊斯坦布尔高66.9米的加拉塔石塔上跳下来。传说他竭尽全力飞行了3.35千米，飞越了博斯普鲁斯海峡。

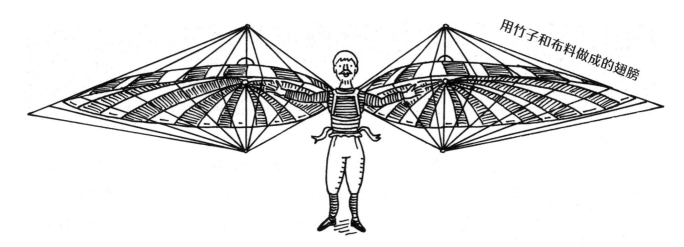

用竹子和布料做成的翅膀

阿尔布雷克特·贝尔布林格（1770—1829），是德国的一位裁缝，同时还是一个"鸟人"。1811年，他把看起来精心制作的翅膀绑到手臂上，打算飞越多瑙河。不幸的是，由于那天温度和风力不适宜飞行，他中途坠入了水中。不过幸运的是，他被渔民救起，活了下来。

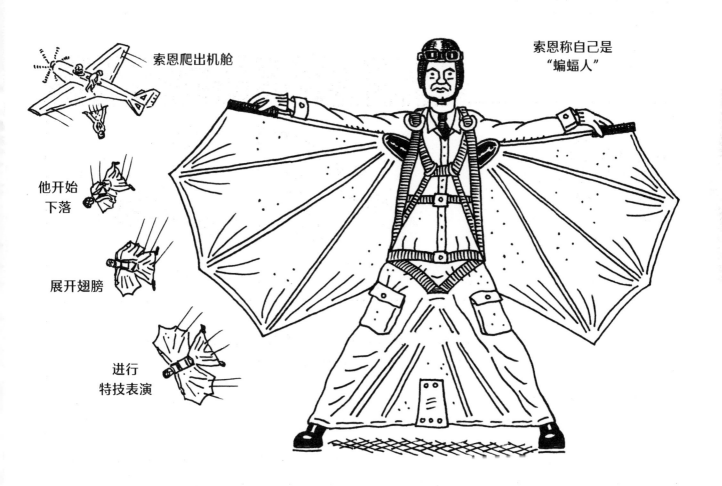

索恩爬出机舱

索恩称自己是"蝙蝠人"

他开始下落

展开翅膀

进行特技表演

在20世纪，不怕死的"鸟人"又出现了。美国嘉年华特技演员克莱姆·索恩（1910—1937）身穿一套带翅膀的衣服，在大约3千米的高度，从飞机上一跃而出。让观众惊叹的是，他先是高速下落了一段时间，之后打开降落伞，最后安全着陆。但可悲的是，在1937年的一次飞行表演中，因为降落伞没能及时打开，他坠地身亡。

翻到第63页，制作"克莱姆·索恩"模型。

扑翼时代

许多人只是将翅膀简单地绑在胳膊上，然而与他们不同的是，还有一些人开始尝试制造飞行器。意大利天才莱奥纳多·达·芬奇的笔记中就存有各种飞行器的草图，其中就包括一架扑翼机（机翼可上下扑动的飞行器）。这种扑翼机的骨架由几根可弯曲的金属杆组成，每根金属杆与一套轮子和连杆相连，能产生多种弯度，这就使扑翼机能像鸟那样扇动翅膀。

莱奥纳多·达·芬奇
（1452—1519）

达·芬奇的一些设计草图

机翼设计
1485年

扑翼机设计
1487年

现代复制的模型

至于达·芬奇是否真的按照扑翼机的设计制作出了样机，我们无从得知，但当今的专家认为，这种飞行器绝对无法飞离地面，因为人力不可能为飞行器提供足够的动力。

几个世纪以来，人们一直在进行扑翼机的研制和试验。虽然通过发动机来提供动力的扑翼机已经被制造了出来，但是还没有人设计出仅靠人力就能飞行的机器。

由橡皮筋提供动力的玩具扑翼机
1872年

现代玩具扑翼鸟

飞机试飞
1999年

远走高飞

大约在10世纪的时候，中国古代的军队用孔明灯传递信息。这种简单的设计为后来热气球的发明提供了灵感。

用竹子和纸做成的孔明灯

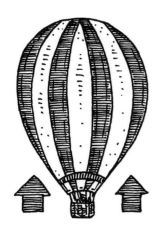

热气球之所以能升空，是因为球内的热空气比外面的空气密度低（也就是说，球内的空气比球外的空气轻），这会产生升力，使气球向上升，就像软木塞会漂浮在水面一样。

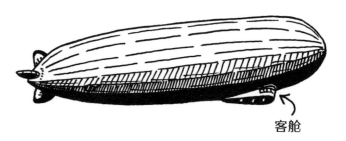

齐柏林飞艇

一些密度比空气小的气体，例如氦气和氢气，也能用在热气球和飞艇的球囊中，比如100多年前著名的齐柏林飞艇就是这样做的。

它在空中停留了20多分钟

它飞行了9千米之后着陆

1783年11月，在法国，热气球载人飞行首次获得成功。这个热气球的设计者是一对兄弟，哥哥叫约瑟夫-米歇尔·蒙哥尔费，弟弟叫雅克-埃蒂纳·蒙哥尔费。

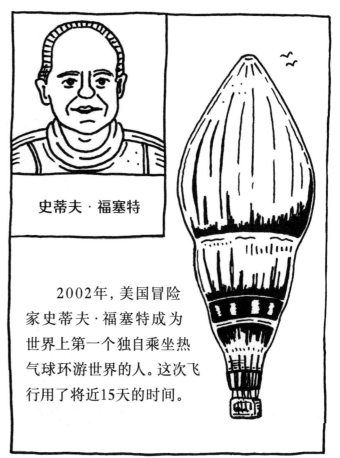

史蒂夫·福塞特

2002年，美国冒险家史蒂夫·福塞特成为世界上第一个独自乘坐热气球环游世界的人。这次飞行用了将近15天的时间。

狂热的飞行员

乔治·凯利
（1773—1857）

在19世纪，有两个人推动了航空的进步。第一个就是英格兰约克郡的富豪乔治·凯利，他也常被人称为"航空之父"。他设计了第一架可以载着一个成年人飞行的滑翔机。

凯利从小就对飞行非常痴迷，他第一个提出：有四种力作用在飞行器上，即阻力、重力、升力和推力（详见第5页）。

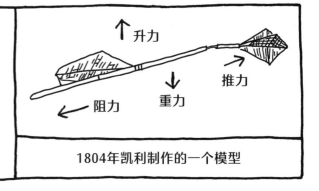

1804年凯利制作的一个模型

凯利一生设计并测试了很多飞行器。1853年夏天，他设计了一架新的滑翔机，说服了他的马车夫驾驶这架滑翔机从家门前的山上滑下飞到空中。滑翔机飞行了大概200米的距离，这件事标志着人类在飞行史上迈出了一大步。

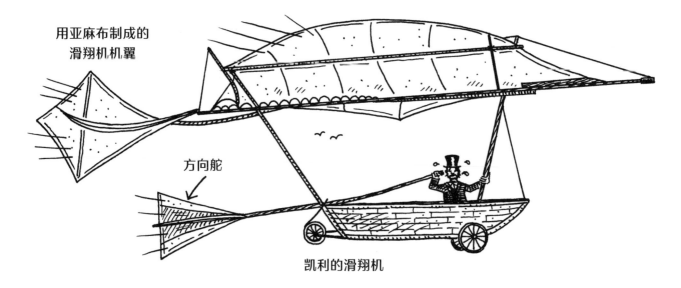

用亚麻布制成的
滑翔机机翼

方向舵

凯利的滑翔机

凯利给自己的滑翔机取名为"航行降落伞"，因为它可以被控制方向。当滑翔机强行着陆后，马车夫提出了辞职，理由是"你雇我是来驾车的，不是来开飞机的！"。

翻到第65页，制作"乔治·凯利滑翔机"模型。

第二位伟大的人物是德国的奥托·利林塔尔，他是一位工程师，也是一名飞行员。和乔治·凯利一样，利林塔尔也是自小就痴迷于飞行。他研究了不同鸟类的飞行，甚至给自己制作了一对绑在身上的翅膀，但很遗憾，这对翅膀并不能让他飞起来。

奥托·利林塔尔
（1848—1896）

在接受工程师培训后，利林塔尔研制了一系列的飞行器，这些飞行器与现代的悬挂式滑翔机非常相似。他会从专门建造的一座小山上出发，在山上一跃而下，让自己飞起来，利用自身的重量操纵滑翔机。

利林塔尔进行了数百次的飞行，因此得到一个绰号——"空中飞人"。下图是他在1894年制作的11号标准滑翔机的样子。

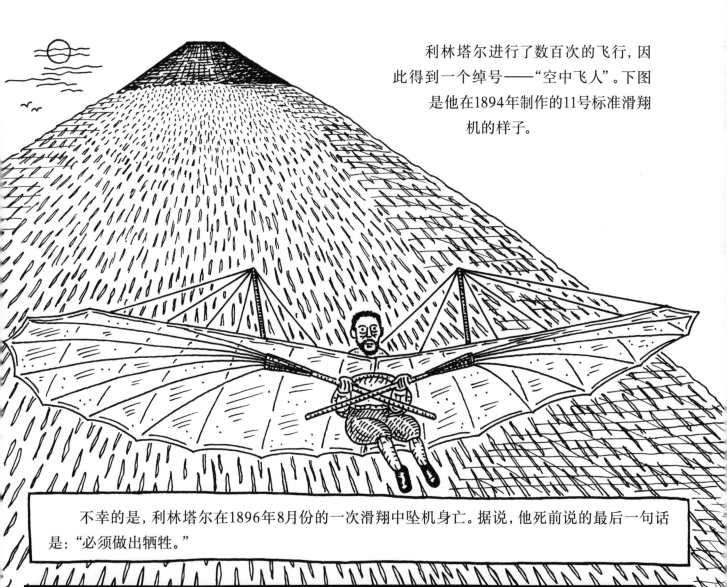

不幸的是，利林塔尔在1896年8月份的一次滑翔中坠机身亡。据说，他死前说的最后一句话是："必须做出牺牲。"

翻到第67页，制作"利林塔尔滑翔机"模型。

莱特兄弟

奥托·利林塔尔去世的消息一时间登上了世界各地报纸的头条。在美国,这个令人震惊的消息改变了两个年轻的自行车制造商的人生,他们就是莱特兄弟——奥维尔·莱特和他的哥哥威尔伯·莱特。

| 奥维尔
(1871—1948) | 威尔伯
(1867—1912) |

兄弟俩从1900年开始试验自己的滑翔机模型。他们把试验的地点选在了北卡罗来纳州的基蒂霍克的沙滩上,那里风很大,非常适合测试飞行器。

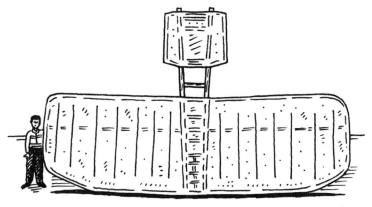

一架1901年的莱特滑翔机

在接下来的几年里,他们越来越接近自己的目标——制造出世界上第一架重于空气、有动力、可操纵、能持续飞行的飞机。试验的最终成果是他们制造出了"飞行者1号"。但是这架飞机能飞起来吗?

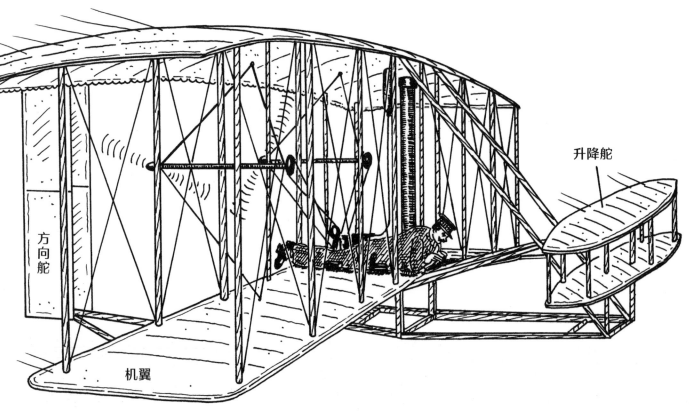

升降舵

方向舵

机翼

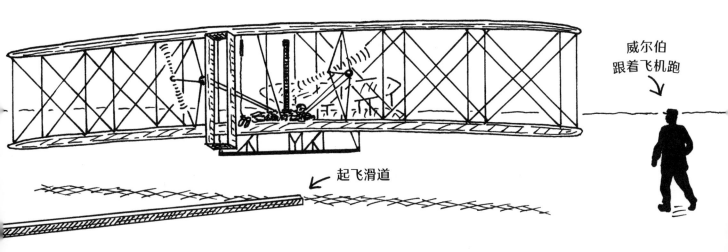

威尔伯
跟着飞机跑 →

← 起飞滑道

1903年12月17日,飞行者1号在一条短的起飞滑道上加速后,逐渐升入空中。飞机由一个小的汽油发动机提供动力,奥维尔驾驶飞机在空中飞行了36.6米后落地。

整个飞行过程只持续了12秒,大概就是我们大声朗读出上面这段描述所需要的时间。但是这个事件却永远改变了飞行史。

或许,今天我们再看飞行者1号会觉得它很奇怪,但是它具备了现代飞机所必备的元素——机翼、升降舵、方向舵以及产生升力和推力的发动机。这架飞机也被称为"双翼飞机",即有两副机翼,一副在另一副的上方。

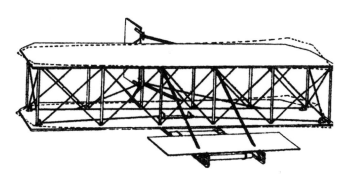

专利文件上的模型图

莱特兄弟为他们的发明申请了专利(这样别人就不能抄袭了),开办了公司,将飞行技术传播到了世界各地。他们开创了航空新时代。

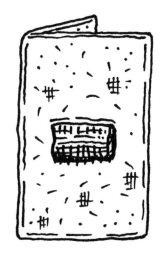

令人惊奇的是,1969年7月,参加第一次登月任务的人将飞行者1号上的一小块木头和机翼上的一块布料带到了月球上。

翻到第69页,制作"飞行者1号"模型。

法国飞行员

在飞机发明领域，莱特兄弟的成功激励了很多竞争者。1906年，罗马尼亚人特拉扬·武亚成功驾驶一架单翼飞机（只有一对机翼的飞机）飞行了短短的11米。然而，比他更成功的是法国人路易·布雷里奥。路易·布雷里奥不但是一位商人，还是一位发明家。

路易斯·布雷里奥
（1872—1936）

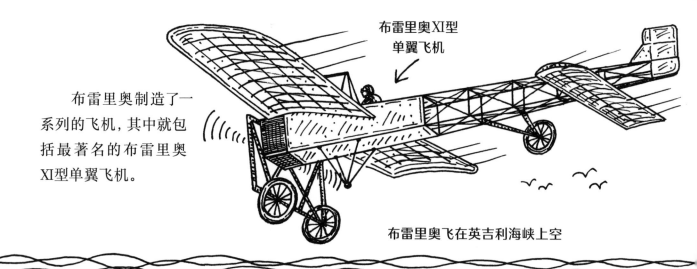

布雷里奥XI型
单翼飞机

布雷里奥制造了一系列的飞机，其中就包括最著名的布雷里奥XI型单翼飞机。

布雷里奥飞在英吉利海峡上空

一家英国报纸发文，将用1000英镑来奖励第一个驾飞机飞越英吉利海峡的人。要知道，英吉利海峡隔开了英国和法国的陆地。布雷里奥准备迎接挑战。

1909年7月25日上午4点多钟，布雷里奥驾驶着他的布雷里奥XI型单翼飞机从法国起飞，飞向英国。当时飞机时速72千米，在空中持续飞行了36分钟。布雷里奥驾驶飞机飞行了35.4千米越过了英吉利海峡，在多佛颠簸地着陆了。后来，人们在他着陆的位置用石块铺设出了这架飞机的形状，作为对首次国际飞行的纪念。

在多佛的纪念石

在驾飞机完成首次飞越海峡的飞行后

路易·布雷里奥

降落于此。

1909年7月25日，星期日

布雷里奥成功后的几年里，整个世界都激动不已，很多著名的飞行员加入了飞行挑战中。

1927年，美国飞行员查尔斯·林德伯格（1902—1974）因为一次飞行名震世界。他独自驾驶飞机从纽约飞至巴黎（飞越大西洋），其间没有着陆。人们称他为"幸运林迪"。

1932年5月20日，美国人阿梅莉亚·埃尔哈特（1897—1937）成为第一个独自驾机飞越大西洋的女飞行员。她在爱尔兰着陆时，有人问她："你从很远的地方来吗？"

贝茜·科尔曼（1892—1926）是第一位获得飞行执照的非裔美国女性。虽然要去法国才能考取这个执照，但是贝茜说："天空是唯一没有歧视的地方。"

英国飞行员埃米·约翰逊（1903—1941）在1930年创造了历史，成为第一个独自驾机从英国飞至澳大利亚的女性。这次耗时19天的飞行，让她名声大噪，后来人们甚至创作了关于她的歌曲。

1947年10月14日，生于1923年的美国试飞员查克·耶格尔驾驶贝尔X-1火箭飞机成为历史上第一个突破声速限制的飞行员。这架飞机还有一个很好听的名字：迷人葛兰妮号。

翻到第71页，制作"布雷里奥XI型单翼飞机"模型。

飞机的控制

虽然航空技术发展突飞猛进，但是现代飞机与过去的飞机仍有很多共同之处。1932年阿梅莉亚·埃尔哈特驾驶的亮红色飞机是洛克希德织女星5B型飞机，在空中操控这架飞机的部件与现代飞机的相同。下面介绍一些有用的飞机部件以及它们的工作原理：

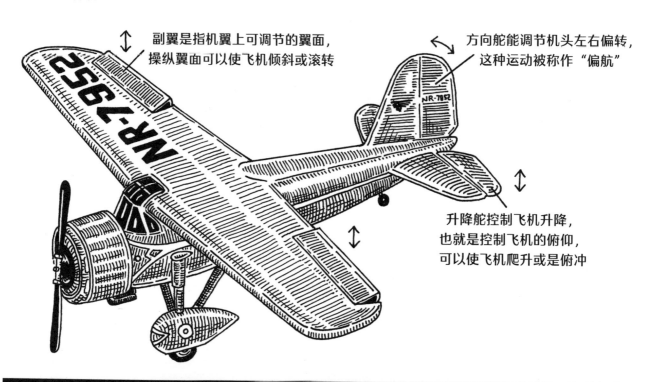

副翼是指机翼上可调节的翼面，操纵翼面可以使飞机倾斜或滚转

方向舵能调节机头左右偏转，这种运动被称作"偏航"

升降舵控制飞机升降，也就是控制飞机的俯仰，可以使飞机爬升或是俯冲

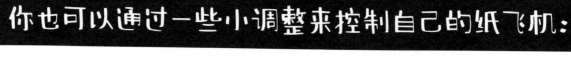

你也可以通过一些小调整来控制自己的纸飞机：

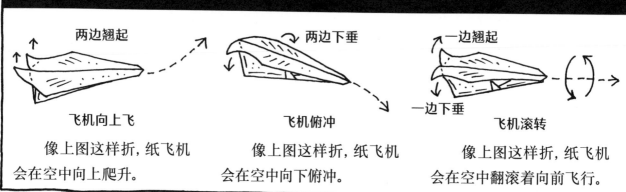

两边翘起

飞机向上飞

像上图这样折，纸飞机会在空中向上爬升。

两边下垂

飞机俯冲

像上图这样折，纸飞机会在空中向下俯冲。

一边翘起

一边下垂

飞机滚转

像上图这样折，纸飞机会在空中翻滚着向前飞行。

飞行时，一架飞机或飞机模型与气流间的角度是非常重要的。如果夹角很小，飞机会在空中停滞，然后俯冲下落。

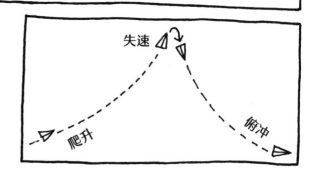

失速

爬升

俯冲

旋转的机翼

直升机是能够利用旋转的旋翼（俗称螺旋桨）产生升力的飞行器。这些旋翼的桨叶就像旋转的飞机机翼，与机翼一样，它也能产生升力，而且它们剖面的形状也很相似。

有些飞机有四个
甚至更多的螺旋桨叶片

桨叶的剖面

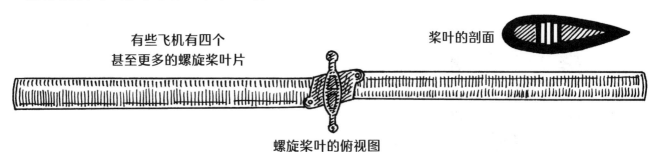

螺旋桨叶的俯视图

与大部分飞机不同的是，直升机可以上下垂直飞行，这意味着它们不需要跑道就能起飞。直升机还可以向侧面飞，向后飞，甚至可以在一个地方悬停。

古斯塔夫

英文单词"helicopter（直升机）"来源于法文单词，本意是"螺旋翼"，这个词是法国发明家古斯塔夫·庞顿·阿梅古（1825—1888）根据希腊语创造出来的一个新词。遗憾的是，他一直想制造一个用蒸汽做动力的直升机，但没有成功。

20世纪40年代，工程师伊戈尔·西科尔斯基（1889—1972）推动了现代直升机的快速发展。如今世界上载重量最大的直升机是俄罗斯的米-26"光环"重型运输直升机。这架直升机的顶部有八个螺旋桨叶片，最大载重量相当于两头非洲大象的体重。

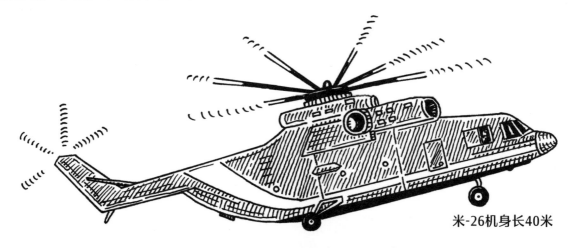

米-26机身长40米

翻到第73页，制作"螺旋桨"模型。

33

喷气式飞机，准备……起飞！

起初，飞机的动力来自活塞式发动机。它与汽车发动机类似，能带动螺旋桨转动。然而，20世纪30年代，喷气式发动机的出现完全改变了飞机的飞行状况（速度、高度等）。喷气式发动机利用喷出的热气流为飞机起飞提供动力，动力远大于活塞式发动机。

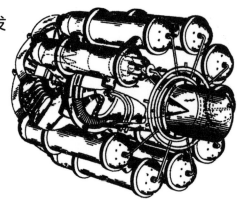

早期的喷气式发动机

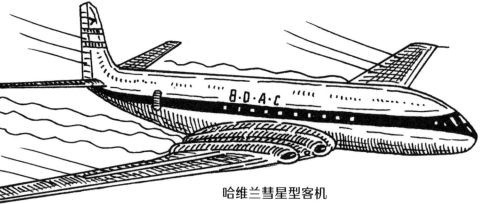

哈维兰彗星型客机
1952年

1952年，世界上第一条喷气式客机航线在英国开通。这批乘客也被称作"喷气式飞机阶层"。

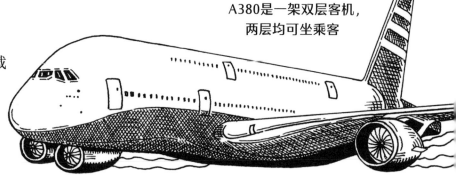

A380是一架双层客机，两层均可坐乘客

早期的喷气式飞机大约能载40位乘客。而如今，世界上最大的客机——空中客车A380可以载850位乘客和机组人员。

空中客车A380

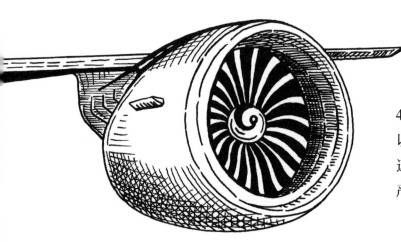

一架典型的喷气式飞机每秒钟消耗4.5吨航空燃料。两个发动机一起工作可以推动一架客机以超过800千米/小时的速度飞行，但也会产生很大的噪声，造成严重的污染。

飞行的乐趣

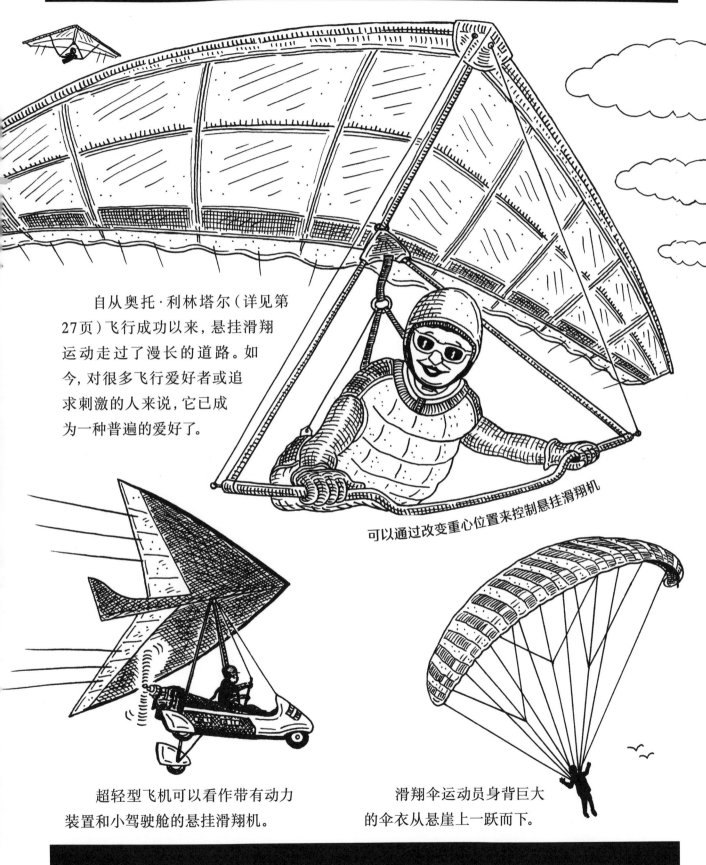

自从奥托·利林塔尔（详见第27页）飞行成功以来，悬挂滑翔运动走过了漫长的道路。如今，对很多飞行爱好者或追求刺激的人来说，它已成为一种普遍的爱好了。

可以通过改变重心位置来控制悬挂滑翔机

超轻型飞机可以看作带有动力装置和小驾驶舱的悬挂滑翔机。

滑翔伞运动员身背巨大的伞衣从悬崖上一跃而下。

翻到第75页，制作"悬挂滑翔机"模型。

协和式 飞机

协和式飞机是由英国和法国联合研制的超声速客机，从1976年服役到2003年。它能以2179千米/小时的速度载着乘客飞遍世界各地！

我们都知道，如果物体运动的速度与声速相同，则它的马赫数为1马赫，而协和式飞机马赫数可超过2马赫（也就是运动速度达到声速的2倍多）。

超声速飞机的两翼是德尔塔形的（或者说是三角形的），这样可以最大程度地减少阻力。

"超声速"是指物体在空气中的飞行速度超过了声音在空气中的传播速度。

一旦协和式飞机冲破声障，便会产生巨大的压力波，也被称为——

声爆

"德尔塔"这个名字来源于希腊字母Δ，它的形状是锐角三角形。

协和式飞机的马赫计

2.02

协和式飞机飞行时离地面将近2万米

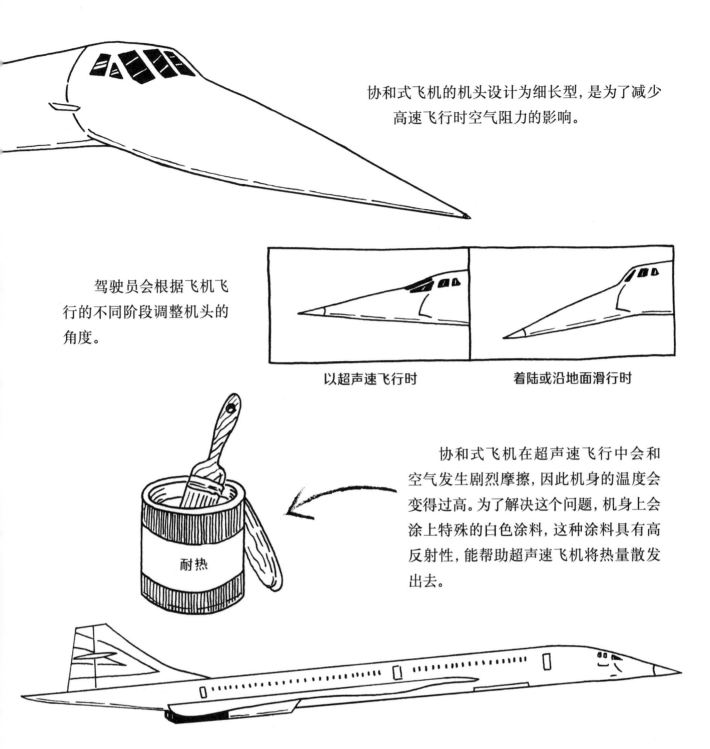

协和式飞机的机头设计为细长型,是为了减少高速飞行时空气阻力的影响。

驾驶员会根据飞机飞行的不同阶段调整机头的角度。

以超声速飞行时　　　　　着陆或沿地面滑行时

协和式飞机在超声速飞行中会和空气发生剧烈摩擦,因此机身的温度会变得过高。为了解决这个问题,机身上会涂上特殊的白色涂料,这种涂料具有高反射性,能帮助超声速飞机将热量散发出去。

耐热

协和式飞机虽然机长仅约62米,但是由于飞机在超声速飞行过程中受热,机身长度会因受热膨胀变长约25厘米。25厘米,大概就是第77页我们制作的飞机模型的长度。

由于运营成本的日渐增加和噪声污染带来的困扰,协和式飞机于2003年退役。然而,一些富有的发烧友们一直计划买一架协和式飞机,让它重回天空。

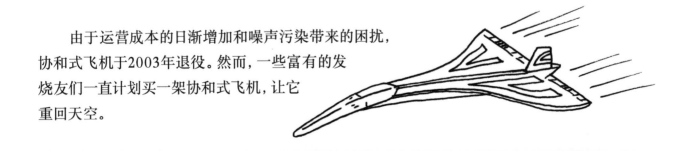

翻到第77页,制作"协和式飞机"模型。

火箭科学

大概1000年前，可能就在发明火药后不久，中国人就发明了火箭。点燃火药释放出的大量热能会推动火箭高速升入空中。

中国早期的"火箭"

传说，中国古代有一个官员叫万户，他曾经尝试把47个火箭绑在一把椅子上，自己坐在上面，手里举着两只大风筝，然后叫人点火发射，试图利用火箭的推力飞到空中。但很不幸，火箭爆炸了。（此图是根据想象画的，千万不要在家中效仿！）

数百年来，火箭多数时候都被用于战争和破坏。进入19世纪，火箭与航天飞行逐渐联系了起来。到了1947年，查克·耶格尔驾驶火箭动力试验飞机——贝尔X-1冲破声障，成为突破声障的第一人（详见第31页）。

阿波罗11号任务徽章

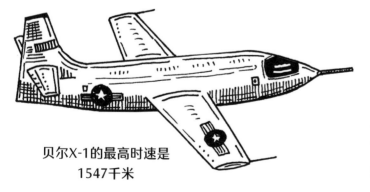

贝尔X-1的最高时速是
1547千米

如今，火箭与航天联系得越来越紧密。1961年，苏联宇航员尤里·加加林（1934—1968）乘坐的宇宙飞船由火箭发射升空，绕地球航行一圈，完成了世界上首次载人绕地轨道飞行。1969年，人类利用火箭完成了阿波罗计划的第五次载人任务，首次实现了人类登月的目标。

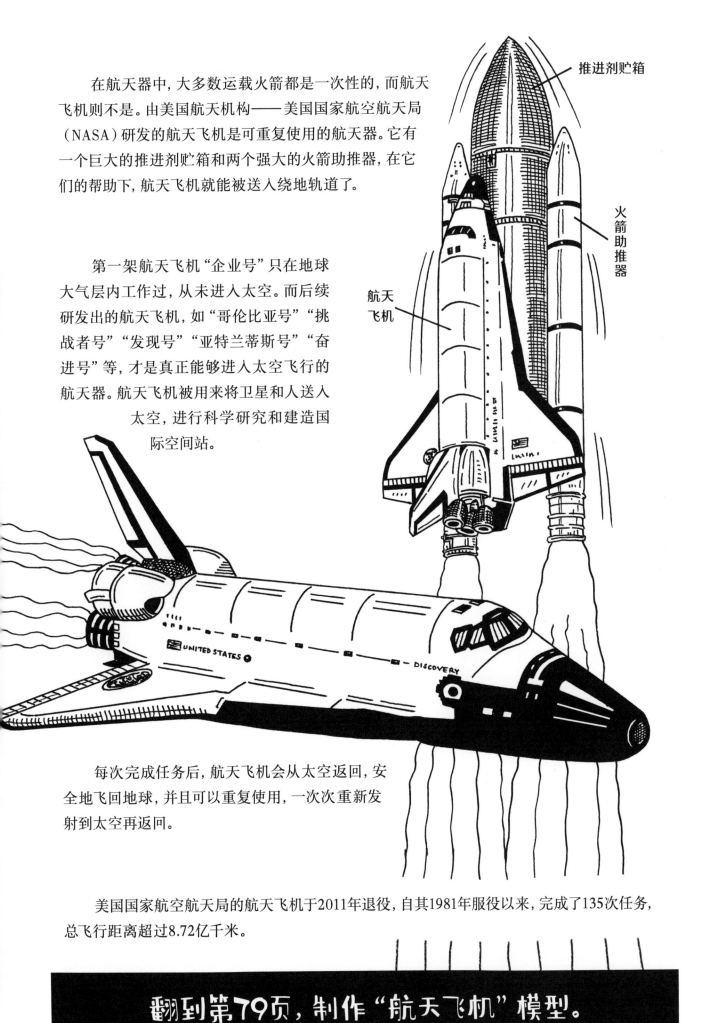

在航天器中，大多数运载火箭都是一次性的，而航天飞机则不是。由美国航天机构——美国国家航空航天局（NASA）研发的航天飞机是可重复使用的航天器。它有一个巨大的推进剂贮箱和两个强大的火箭助推器，在它们的帮助下，航天飞机就能被送入绕地轨道了。

推进剂贮箱

火箭助推器

航天飞机

第一架航天飞机"企业号"只在地球大气层内工作过，从未进入太空。而后续研发出的航天飞机，如"哥伦比亚号""挑战者号""发现号""亚特兰蒂斯号""奋进号"等，才是真正能够进入太空飞行的航天器。航天飞机被用来将卫星和人送入太空，进行科学研究和建造国际空间站。

每次完成任务后，航天飞机会从太空返回，安全地飞回地球，并且可以重复使用，一次次重新发射到太空再返回。

美国国家航空航天局的航天飞机于2011年退役，自其1981年服役以来，完成了135次任务，总飞行距离超过8.72亿千米。

翻到第79页，制作"航天飞机"模型。

畅想未来

飞行这一行为在地球上出现了上亿年了。从昆虫到航天员，其中又有谁能预测到未来的飞行将会如何发展呢？

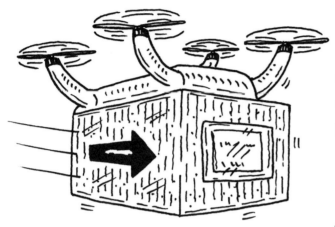

如今，无人机已经在空中翱翔了，这种体型小又好操控的航空器，已经逐渐成为人们非常欢迎的玩具。人们在对无人机进行试验，希望能利用它把货物送到家里。

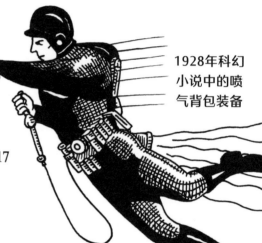

1928年科幻小说中的喷气背包装备

以前，背着一个喷气背包飞行只是一个梦想，如今，梦想变成了现实。但是，单次背包飞行的时间最多持续17分钟，而费用超过了39万英镑。

最后，试想一下，像哈利·波特那样乘坐一辆会飞的车去上学感觉如何？其实，已经有原型车出现了。吓人的是，开这样的车，你连飞行员执照都不需要有。

这辆飞行汽车的飞行速度可达96.5千米/小时

从下一页起，我们来制作飞行模型，你需要知道：

- 字母标示的部件要剪下来
- 红色实线处要剪开
- 按山折线和谷折线进行折叠
- 绿色区域是涂胶处
- 数字相同的部位需对应粘贴

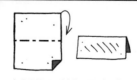

山折线及其折叠方式　　谷折线及其折叠方式

巨脉蜻蜓

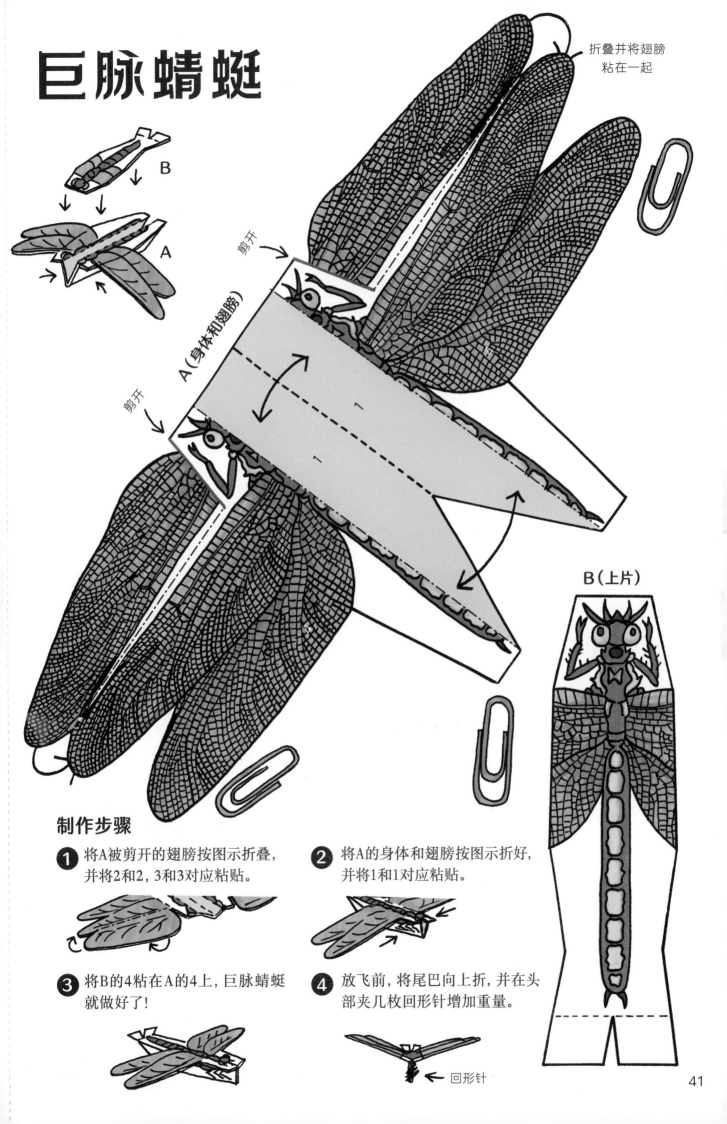

折叠并将翅膀
粘在一起

剪开

A（身体和翅膀）

剪开

B（上片）

制作步骤

1 将A被剪开的翅膀按图示折叠，
并将2和2，3和3对应粘贴。

2 将A的身体和翅膀按图示折好，
并将1和1对应粘贴。

3 将B的4粘在A的4上，巨脉蜻蜓
就做好了！

4 放飞前，将尾巴向上折，并在头
部夹几枚回形针增加重量。

← 回形针

41

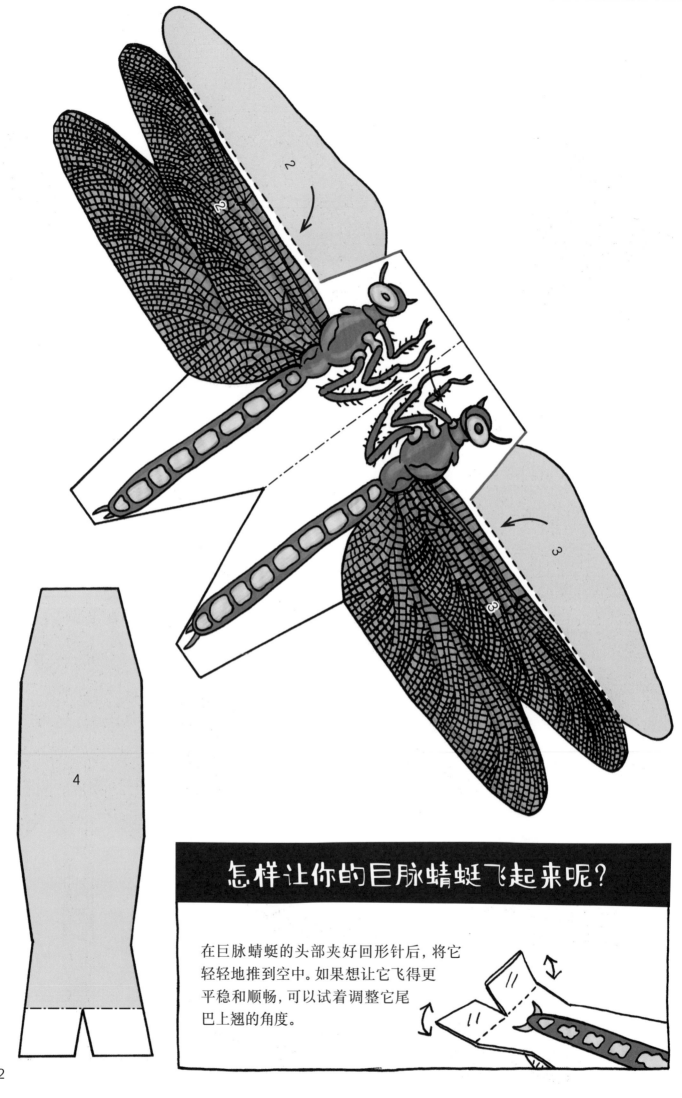

怎样让你的巨脉蜻蜓飞起来呢？

在巨脉蜻蜓的头部夹好回形针后，将它轻轻地推到空中。如果想让它飞得更平稳和顺畅，可以试着调整它尾巴上翘的角度。

帝王蝶

制作步骤

1 将A按图示折叠，并从1到4依次对应粘贴。

2 将5和5粘在一起，固定在模型的头部。

3 将A的身体和翅膀按图示折好，并将6和6粘在一起。

粘贴
折叠

4 将翅膀略微向上卷，大功告成。你的帝王蝶准备飞走了！

A（身体和翅膀）

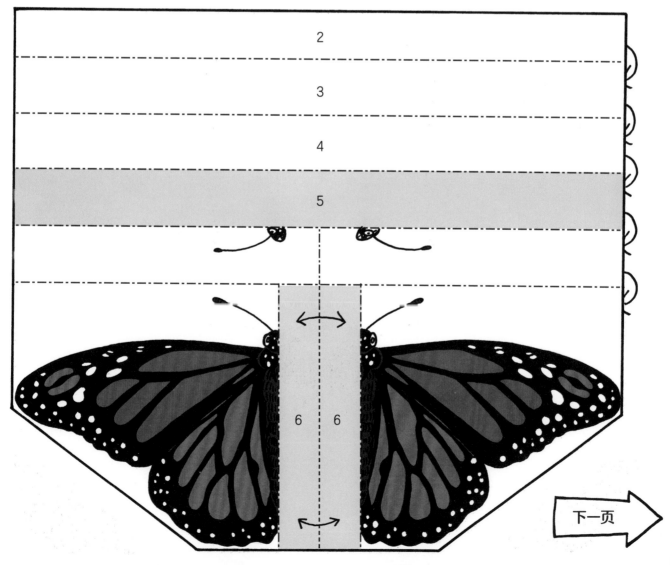

2

3

4

5

6　6

下一页 →

怎样让你的帝王蝶飞起来呢？

要轻轻将帝王蝶推到空中，它才能飞得平稳，不信你用力将它扔出去，看看会发生什么。

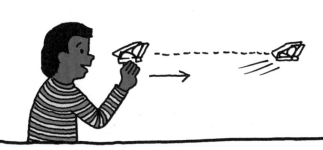

改变翅膀上扬或下垂的角度，能调整它的飞行状态。

将帝王蝶放在水平面上，正面朝向你，让两边翅膀和水平面的夹角相等。你可以将翅膀调整到以卜的角度，看看帝王蝶会怎么飞。

常规角度
翅膀微微上扬，与水平面呈两个小夹角

水平角度
翅膀与水平面平行

高扬角度
翅膀高高上扬，与水平面呈两个大夹角

下垂角度
翅膀低于水平面，与水平面呈两个小夹角

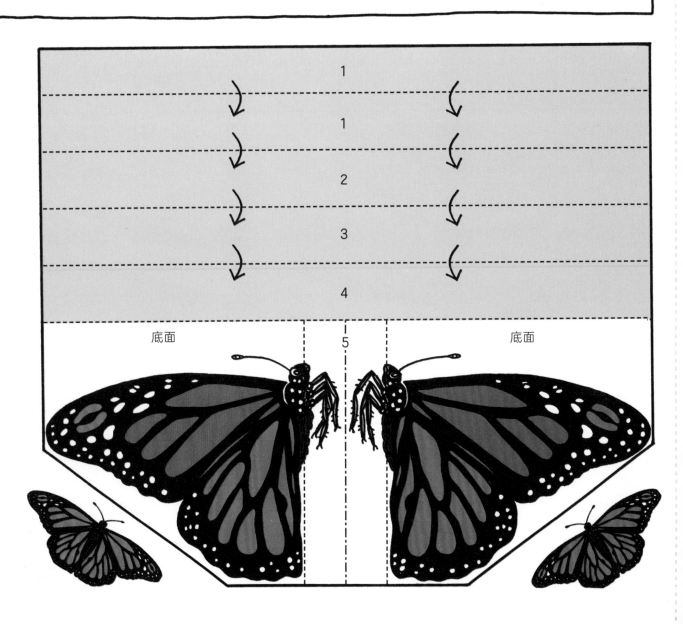

始祖鸟

制作步骤

1 剪开A的红色实线后，像舌头一样伸出的四片叫凸舌。

凸舌

凸舌

2 将A的四个凸舌折叠，并对应粘贴到数字相同的部位。

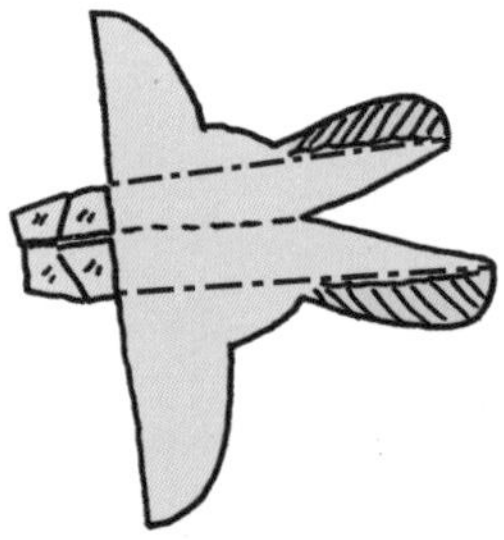

3 将A的身体和翅膀按图示折好，并将5和5粘在一起。

B（翅膀）

4 将B的6粘在A的6上，注意B的凸舌要伸出来。

粘贴   粘贴

5 将B的凸舌折叠，并和A上数字相同的部位对应粘贴。

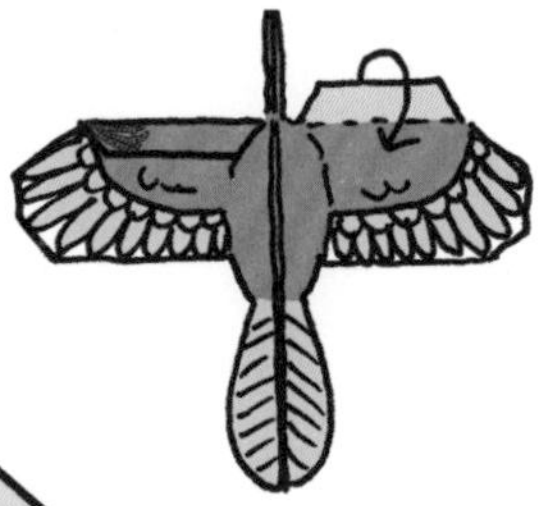

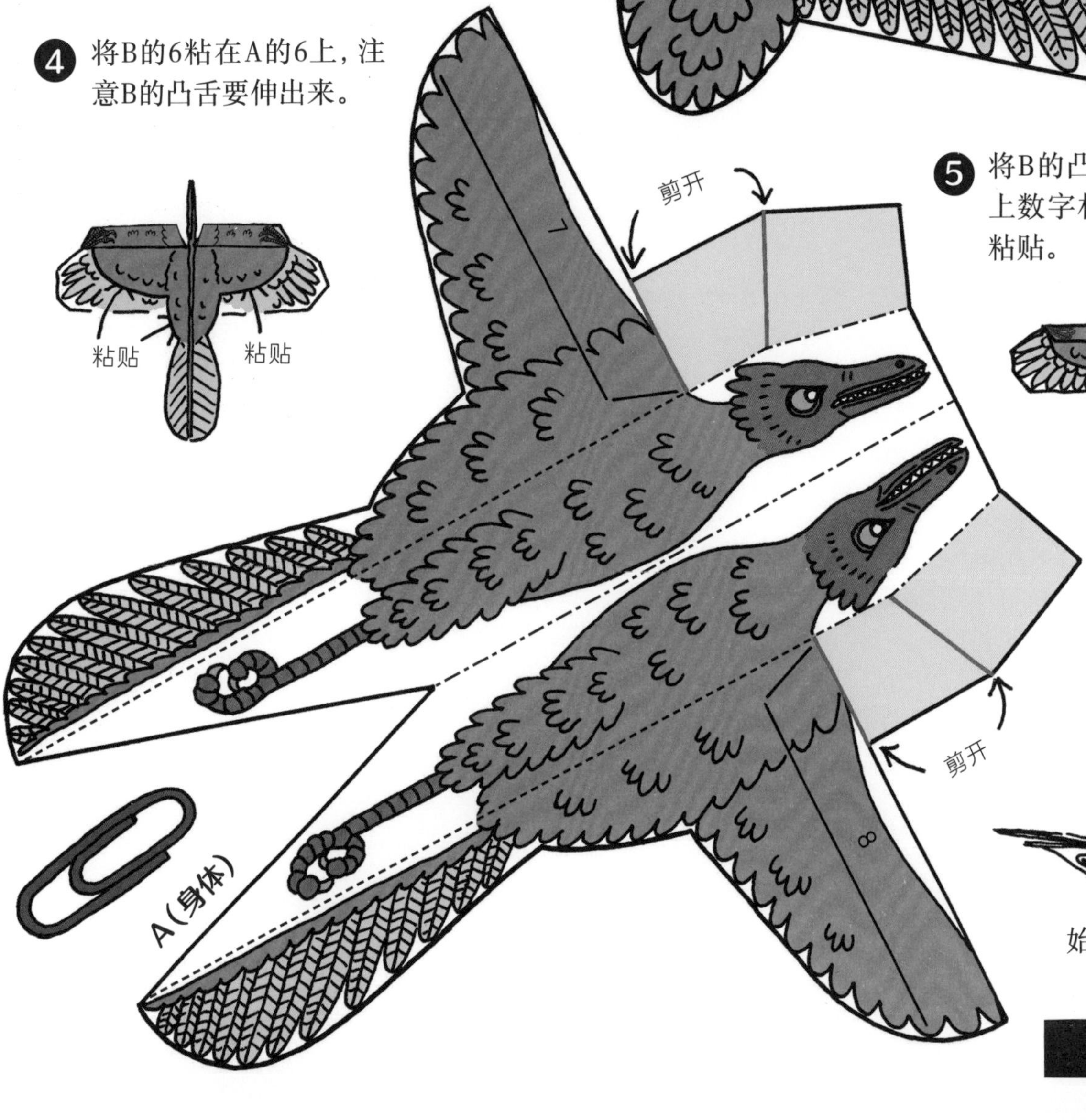

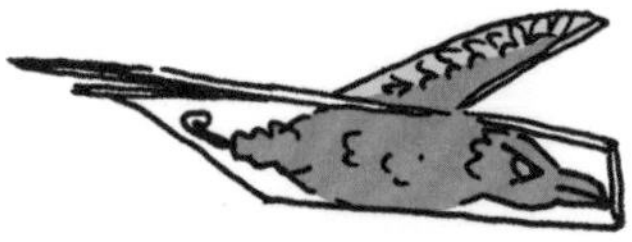

剪开

剪开

A（身体）

始祖鸟准备起飞！

下一页

在始祖鸟的头部夹一枚或几枚回形针。

调整翅膀上扬的角度，多试几次就能找到最佳角度。

推到空中时，手要稳。

将始祖鸟的翼尖上卷，可以调整它的飞行状态。

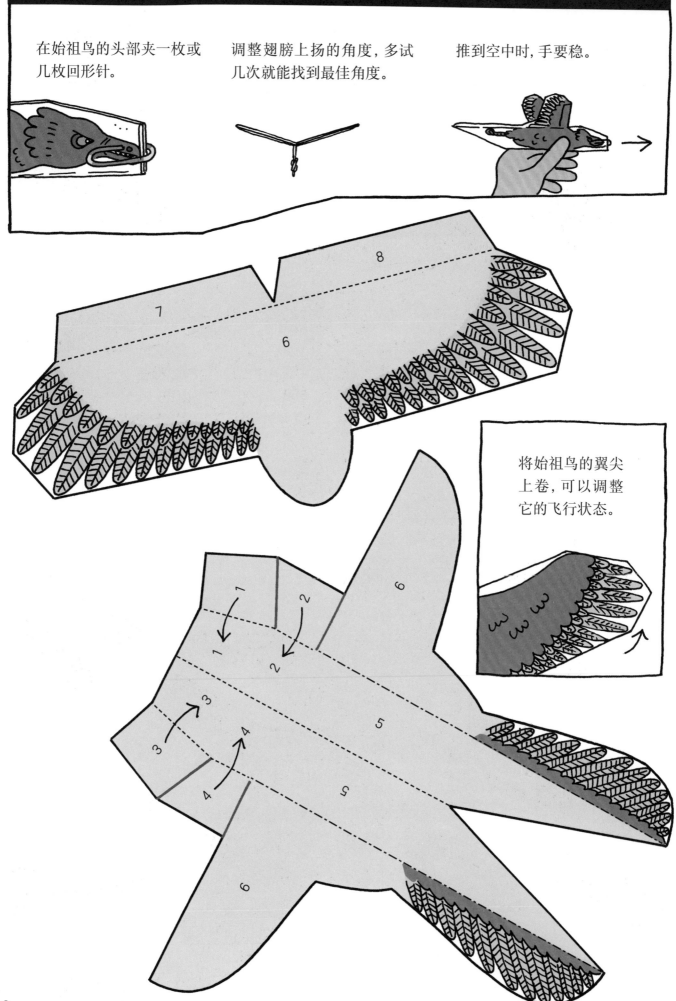

金雕

制作步骤

❶ 将A按图示折叠，并从1到4依次对应粘贴。

❷ 将5和5粘在一起，固定在模型的头部。

❸ 将A的身体和翅膀按图示折好。

❹ 将6和6粘在一起。

帅气的金雕做好了！

A（身体）

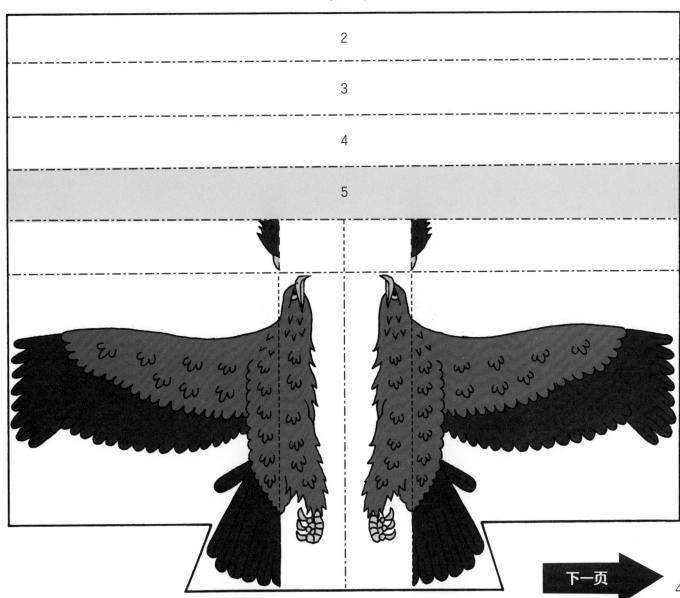

下一页

怎样让你的金雕飞起来呢？

最好在户外或宽敞的室内放飞这个模型。

不需要在它的头部夹回形针增加重量。

放飞前，将金雕的翅膀边缘和尾巴向上卷。

用力将金雕向上推到空中。如果室外有风，要顺风放飞。

这个模型可以在空中转圈、翻筋斗、盘旋和滑翔。调整翅膀上扬的角度可以实现这些特技，多多练习吧!

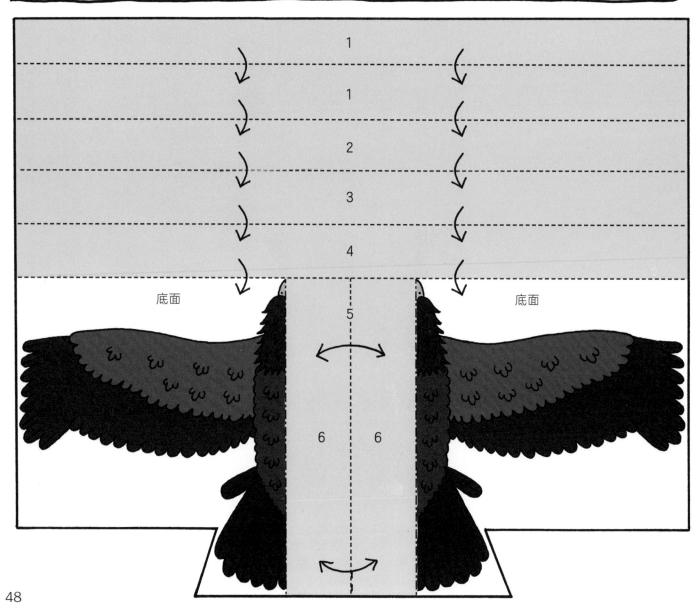

底面   底面

翠鸟

制作步骤

① 按图示,将A从头部两侧向中间折叠,并将数字相同的部位对应粘贴,做出翠鸟的头和喙。

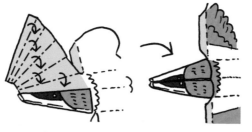

② 将A按图示对折,做出身体。

③ 将A的四个凸舌折叠,并粘贴到数字相同的部位。

④ 将A的翅膀和尾巴按图示折好。

⑤ 将B的15和16,对应粘贴在A的15和16上。

粘贴   粘贴

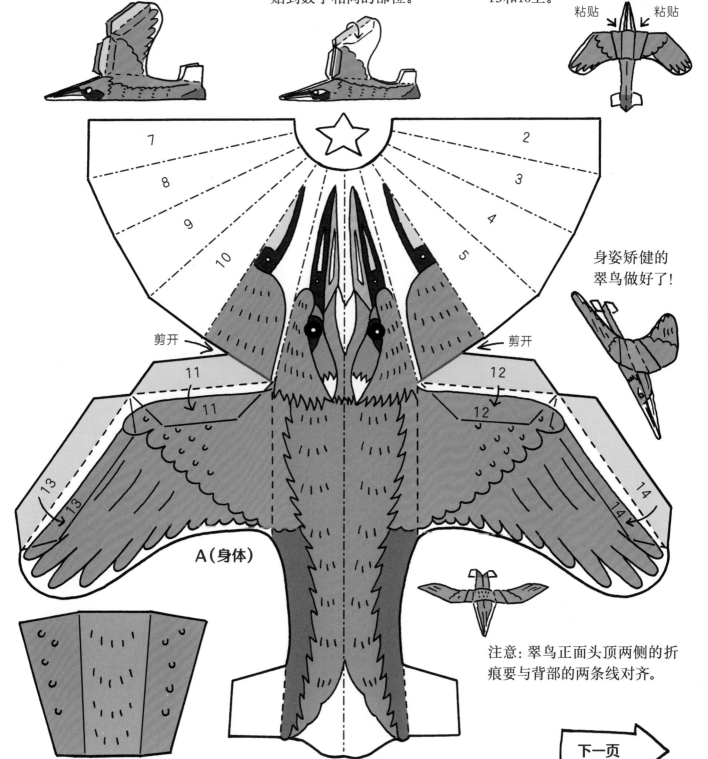

身姿矫健的翠鸟做好了!

注意:翠鸟正面头顶两侧的折痕要与背部的两条线对齐。

A(身体)

B(下片)

下一页

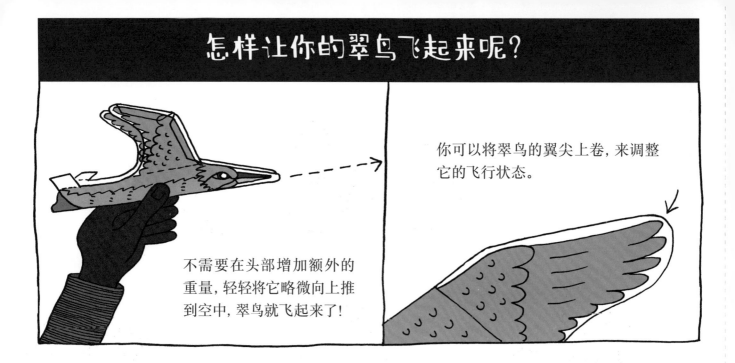

怎样让你的翠鸟飞起来呢?

不需要在头部增加额外的重量,轻轻将它略微向上推到空中,翠鸟就飞起来了!

你可以将翠鸟的翼尖上卷,来调整它的飞行状态。

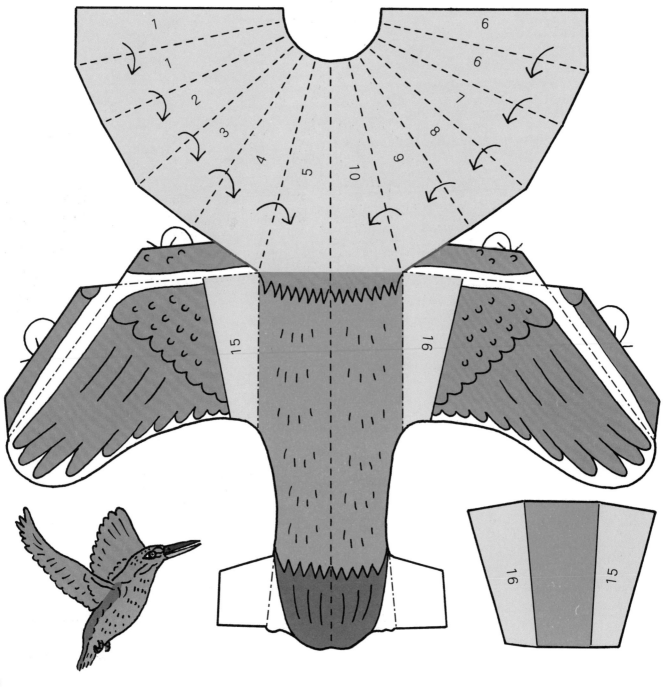

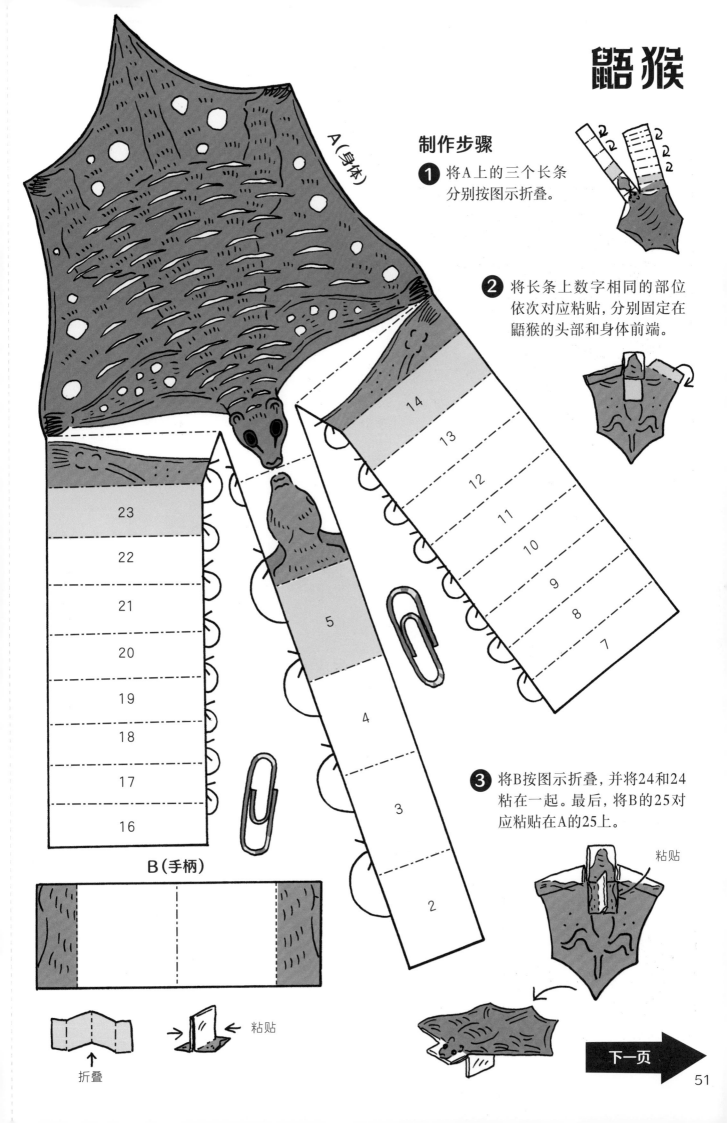

鼯猴

A（身体）

B（手柄）

制作步骤

1 将A上的三个长条分别按图示折叠。

2 将长条上数字相同的部位依次对应粘贴，分别固定在鼯猴的头部和身体前端。

3 将B按图示折叠，并将24和24粘在一起。最后，将B的25对应粘贴在A的25上。

粘贴

折叠

粘贴

下一页

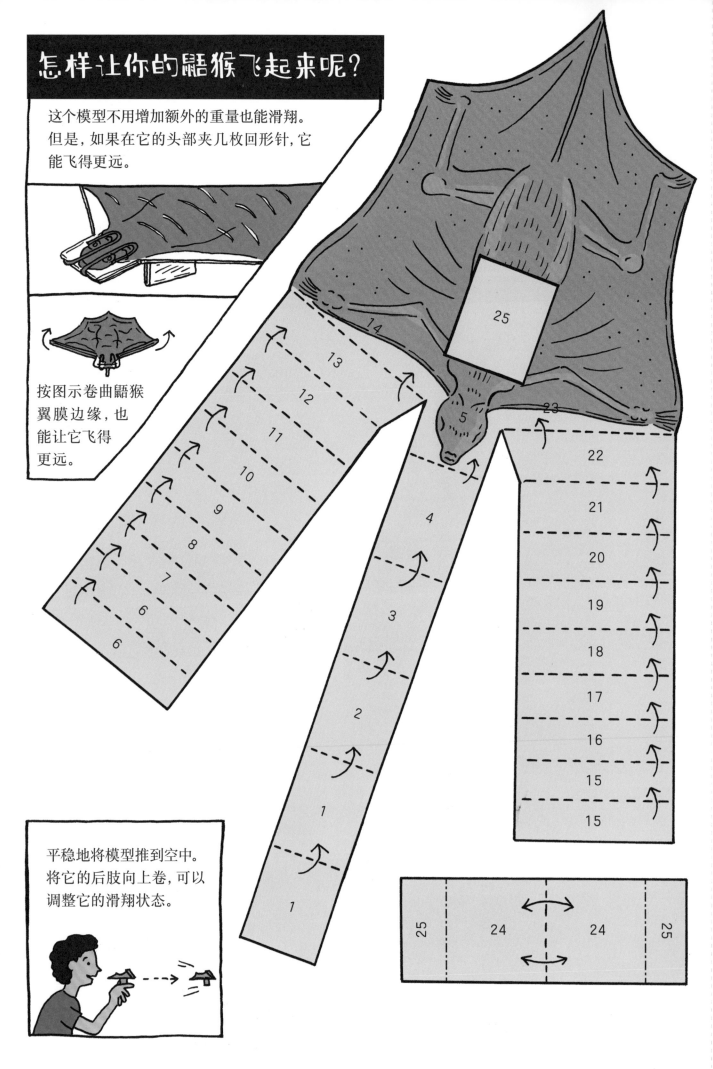

怎样让你的鼯猴飞起来呢？

这个模型不用增加额外的重量也能滑翔。但是，如果在它的头部夹几枚回形针，它能飞得更远。

按图示卷曲鼯猴翼膜边缘，也能让它飞得更远。

平稳地将模型推到空中。将它的后肢向上卷，可以调整它的滑翔状态。

飞鱼

制作步骤

❶ 将A按图示折好，并将1和1粘在一起。

❷ 将C从两侧依次向中间折叠，并将数字相同的部位对应粘贴，做出鱼头。

❸ 将B按图示折好，并将2和2粘在一起。

❹ 将D按图示折叠，先不粘贴。

❺ 将B的9和10对应粘在A的9和10上。再将A的两个凸舌折叠，并对应粘贴在B上数字相同的部位，做出A+B。

❻ 将C和D分别粘到A+B上，包住鱼头和鱼尾。

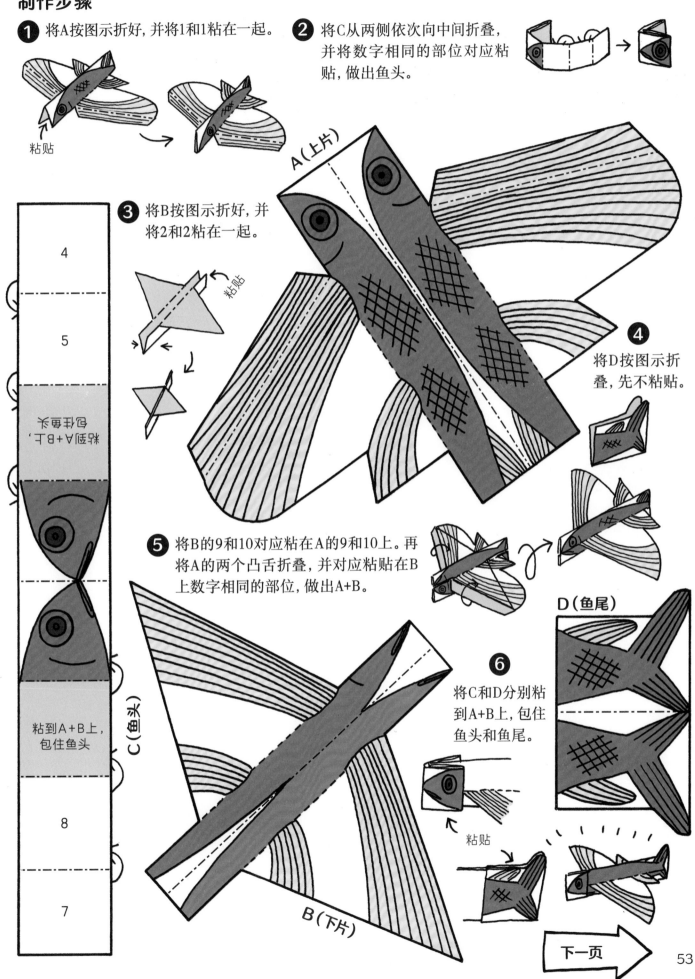

粘贴

A（上片）

D（鱼尾）

C（鱼头）

B（下片）

4

5

粘贴A+B上，包住再包头

8

7

粘到A+B上，包住鱼头

下一页

在鱼头上夹一枚或几枚回形针。

将鱼鳍略微向上卷。

推到空中放飞，需要的话，可以调整鱼鳍。

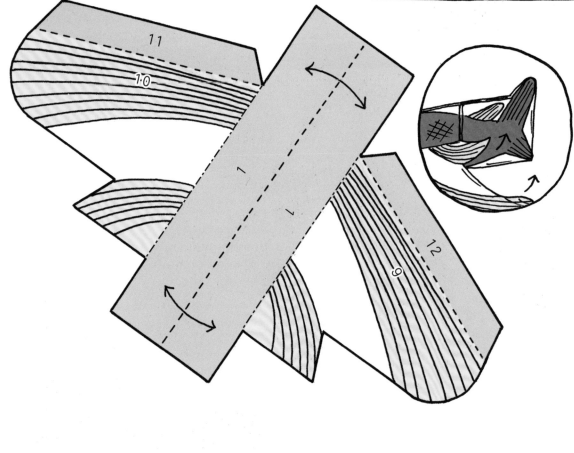

粘到A+B上，包住鱼尾

粘到A+B上，包住鱼尾

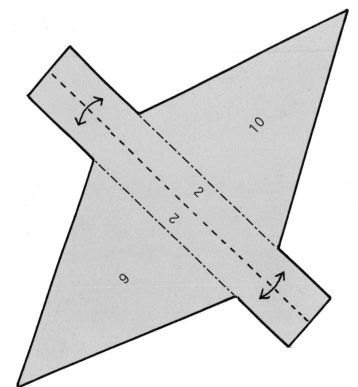

3

3

4

5

8

7

6

6

飞行的种子

制作步骤

1 将A的两侧按图示折叠，并将1和1，2和2对应粘贴。

2 将A的中部按图示对折，并将3和3粘在一起。

3 将B折叠后，先将B的4粘在A的4上，贴好后如图所示。

4 将B的5、6和7依次粘贴在A上数字相同的部位。

5 将旋翼果树的翅果翼按图示折叠。

6 在旋翼果树的翅果种子部位夹几枚回形针。

将C按图示折叠，并从8到12对应粘贴，固定在翅葫芦的翅果种子部位。翅葫芦的翅果就做好了！

准备起飞！

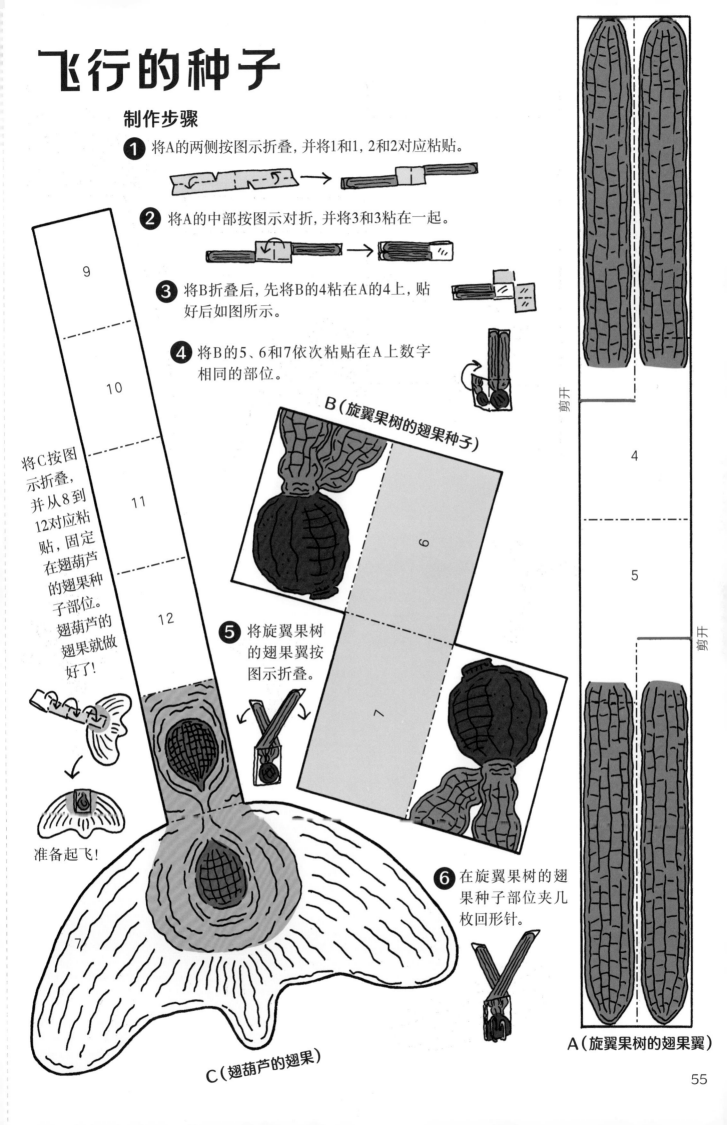

9

10

11

12

7

B（旋翼果树的翅果种子）

6

7

C（翅葫芦的翅果）

剪开

剪开

4

5

A（旋翼果树的翅果翼）

55

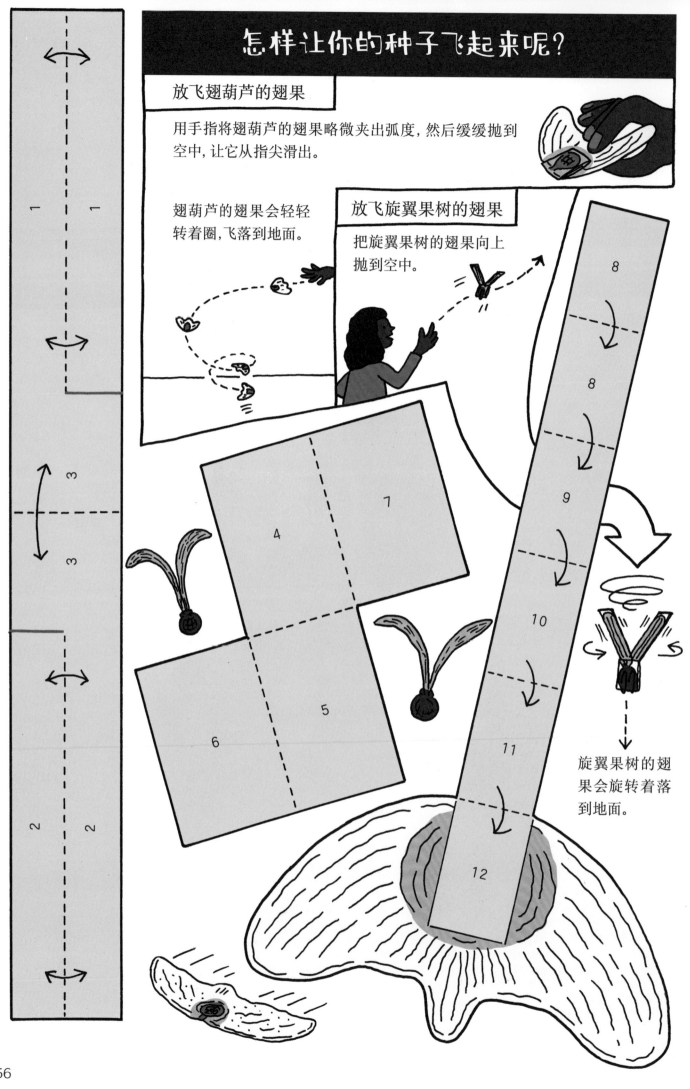

怎样让你的种子飞起来呢?

放飞翅葫芦的翅果

用手指将翅葫芦的翅果略微夹出弧度,然后缓缓抛到空中,让它从指尖滑出。

翅葫芦的翅果会轻轻转着圈,飞落到地面。

放飞旋翼果树的翅果

把旋翼果树的翅果向上抛到空中。

旋翼果树的翅果会旋转着落到地面。

会返回的回力镖

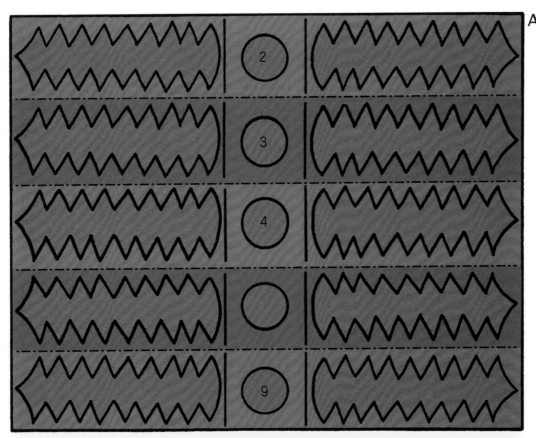

A

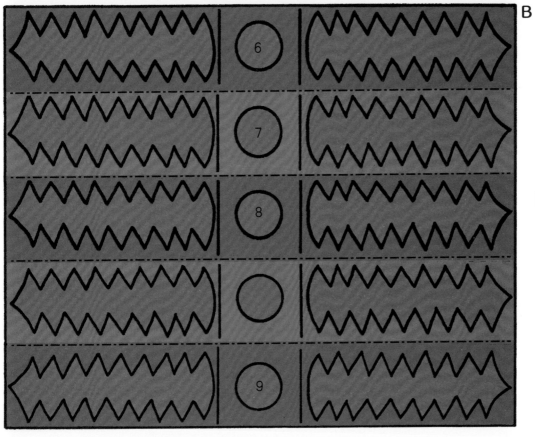

B

制作步骤

1 将A和B分别按图示折叠。

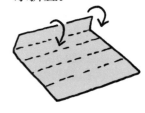

2 将A从1到4依次对应粘贴，将B从5到8依次对应粘贴。

3 将A和B垂直相交，并将9和9粘在一起，或者用橡皮筋固定住，回力镖就做好了。

或者

4 将回力镖按图示略微卷出弧度。

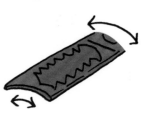

下一页

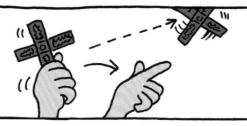

怎样让你的回力镖飞起来呢？

将模型向上抛到空中，让它旋转着飞出去。

通过练习，你可以让回力镖飞出去，转个弯，再飞回来。

要在宽敞开阔的地方放飞。

让回力镖和你的上半身呈30°夹角。

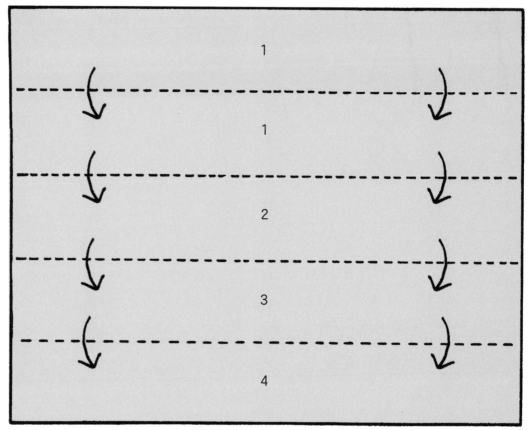

1

1

2

3

4

将回力镖向上抛出，它会飞出去，转个弯，再飞向你。

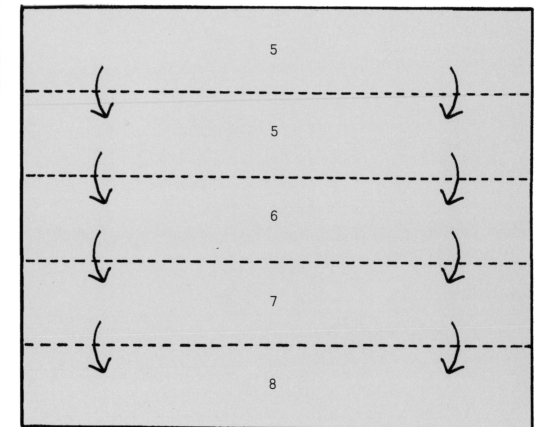

5

5

6

7

8

试着接住飞向你的回力镖！

龙飞镖

制作步骤

① 将A反面朝上。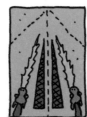

② 将A按图示对折。

③ 用力压出折痕后，将A展开。

A（身体和翅膀）

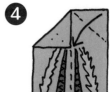

④ 将A上方的两侧按图示向内折叠，在中间对齐。

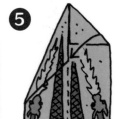

⑤ 继续按图示将两侧向内折叠，在中间对齐。

⑥ 将顶角按图示折叠。

下一页

用投掷飞镖的动作来放飞你的模型。

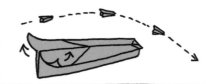

如果它往前栽，就将它的翼尖略微向上卷。

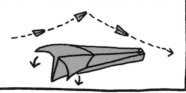

如果它向上冲又失速向下栽，就将它的翼尖略微向下卷。

7

将A沿中间折痕对折。

8

按图示将两翼折好。

9

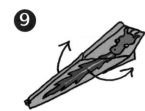

将两翼松开。

准备起飞！

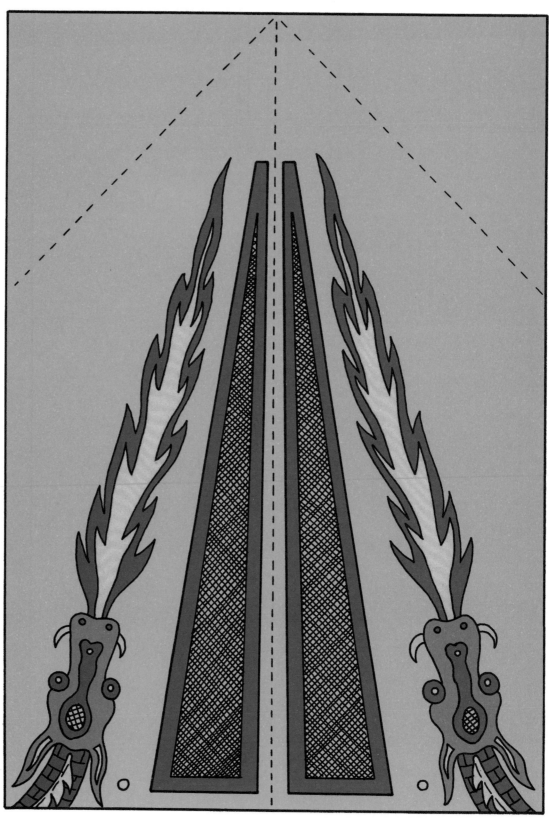

风筝

A(风筝)

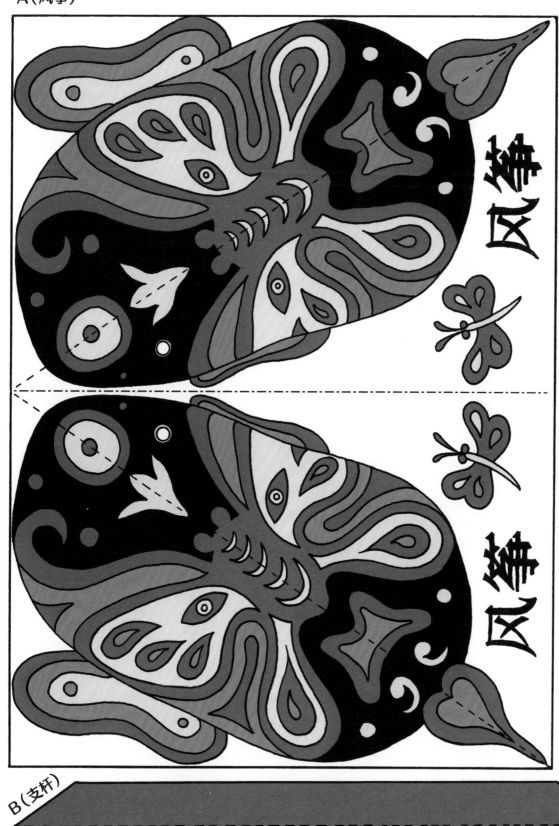

风筝

风筝

制作步骤

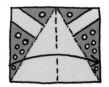

① 将A按图示对折。

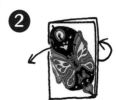

② 将两侧分别按图示折叠。

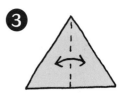

③ 将1和1粘在一起。

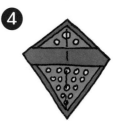

④ 松开两侧,让A的3和4在同一平面上。

B(支杆)

下一页

5 按照下列步骤,用B做出风筝的支杆。

将B按图示对折

再将两侧分别按图示折叠

将2和2粘在一起

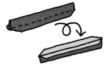

让3和4在同一平面上

6

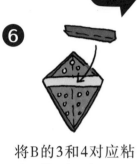

将B的3和4对应粘在A的3和4上。

7

请找位成年人帮你做这一步:在A上的白色圆圈处穿一个洞,并用透明胶带加固洞口周围。

8

用一根线或细绳穿过洞,拴住风筝。

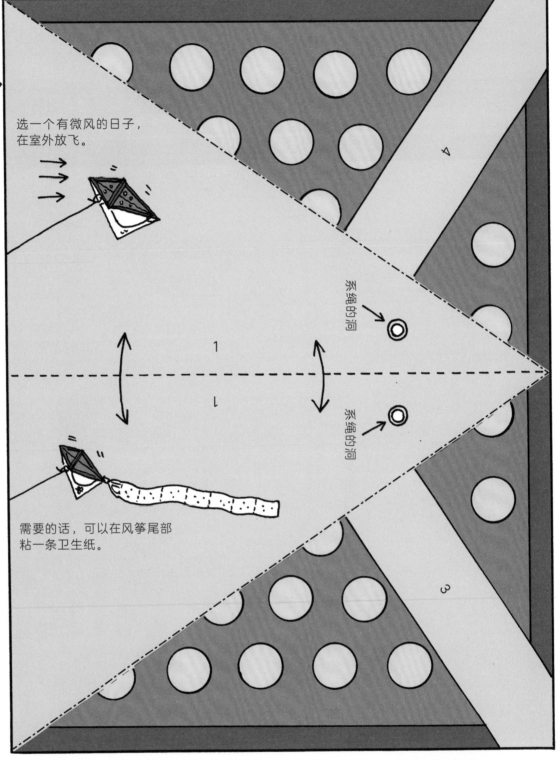

选一个有微风的日子,在室外放飞。

系绳的洞

系绳的洞

1

1

需要的话,可以在风筝尾部粘一条卫生纸。

3

4

大功告成!

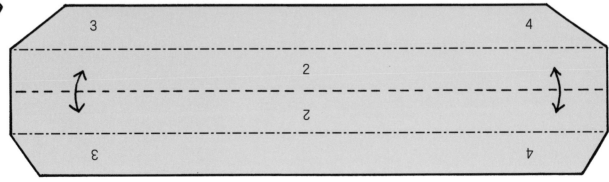

克莱姆·索恩

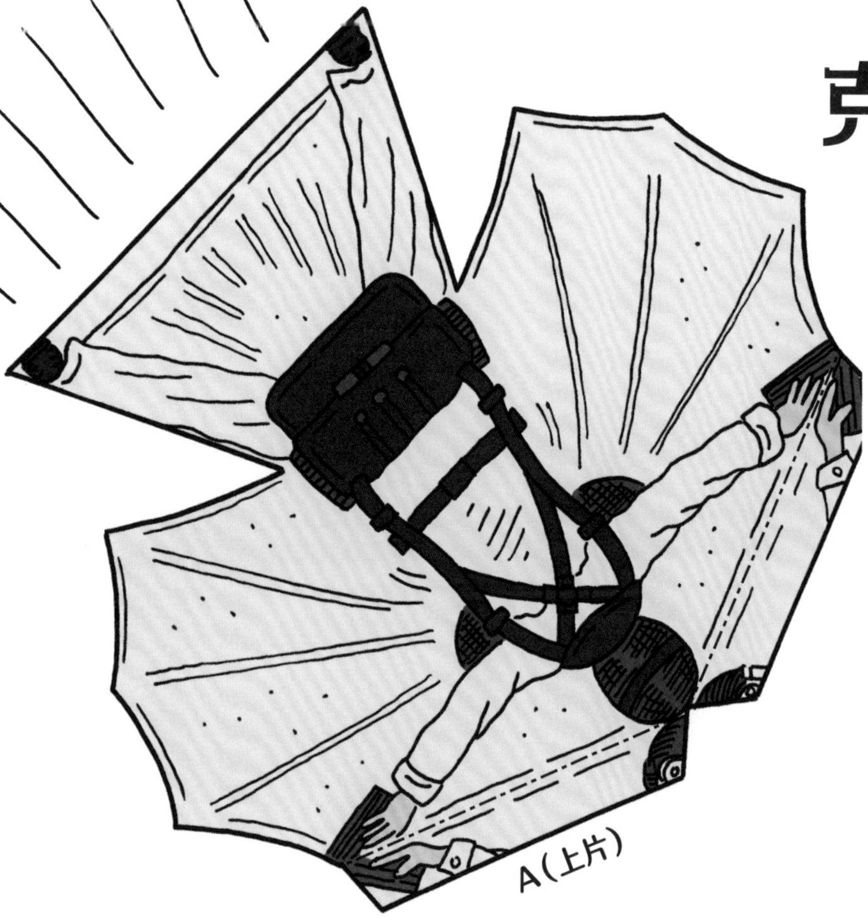

A（上片）

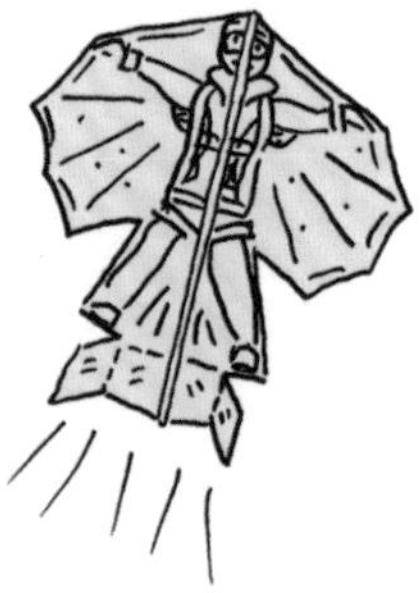

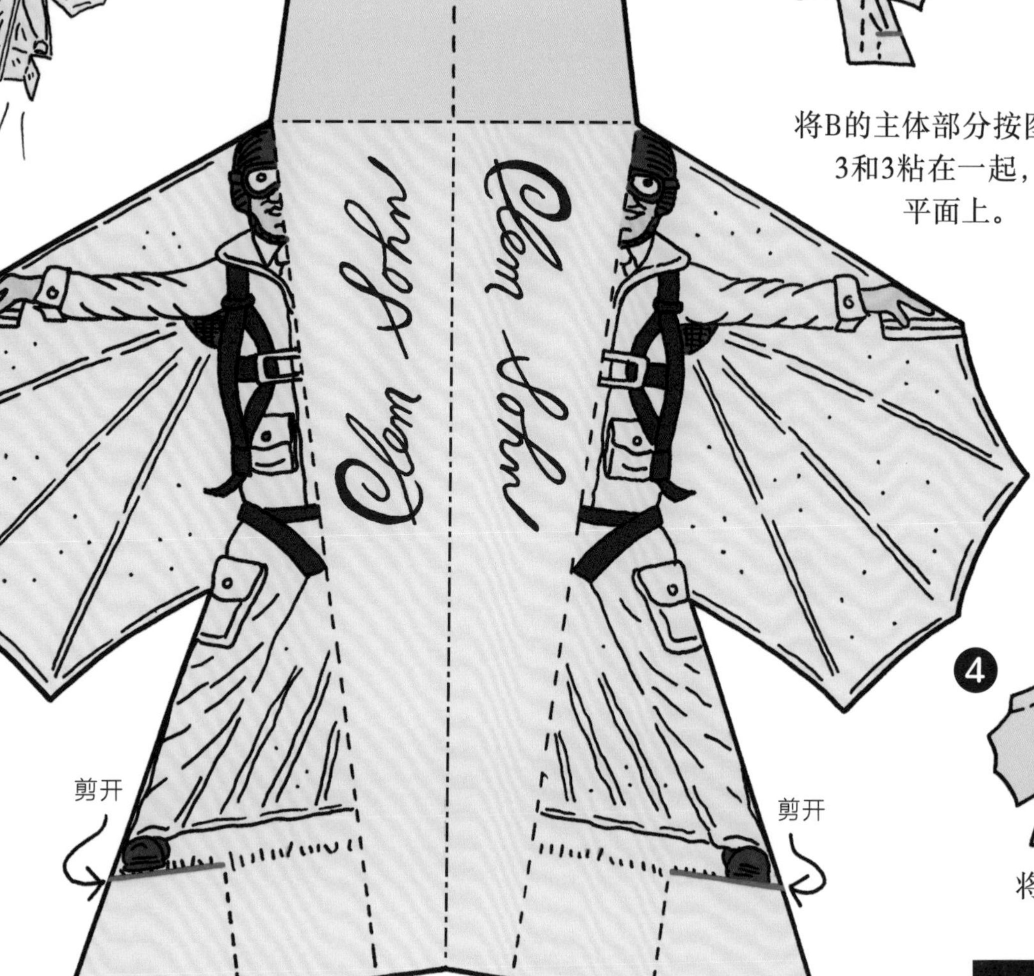

B（下片）

剪开

剪开

Clem Sohn

Clem Sohn

2

制作步骤

1

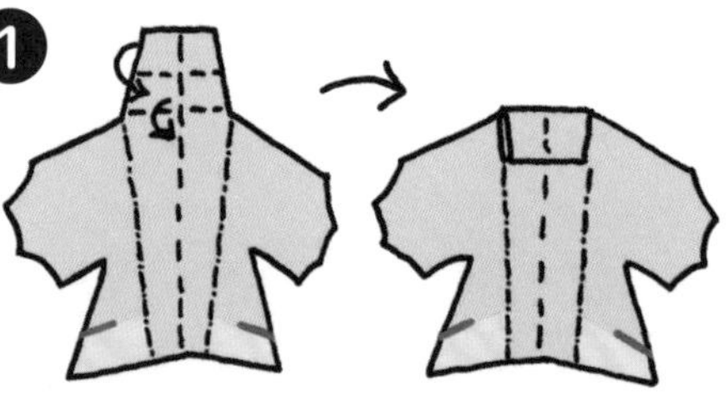

将B的凸舌按图示折叠，再将1和1，2和2对应粘贴。

2

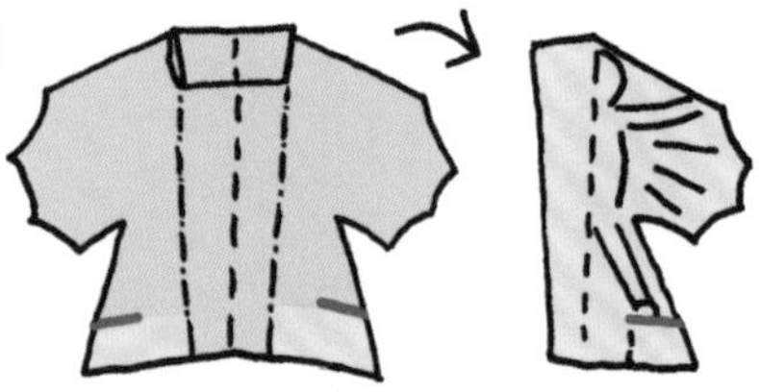

将B按图示对折。

3

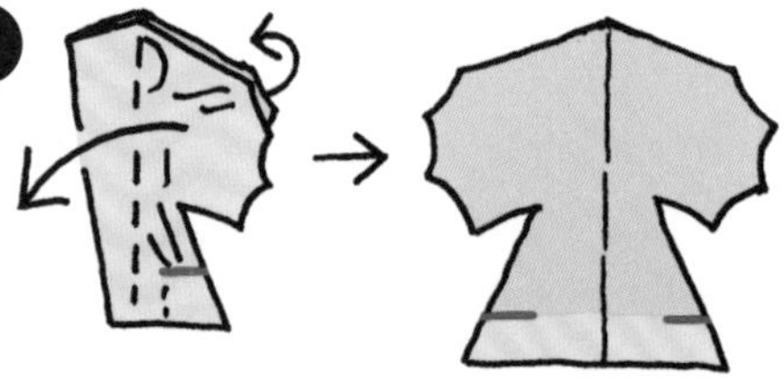

将B的主体部分按图示折好，并将3和3粘在一起，让4和5在同一平面上。

4

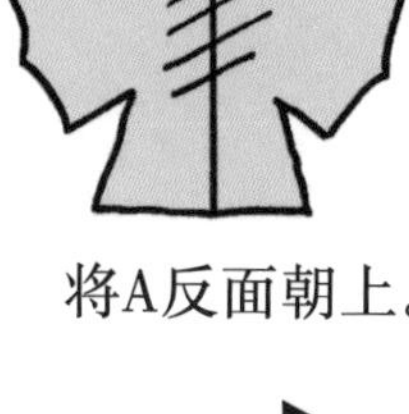

将A反面朝上。

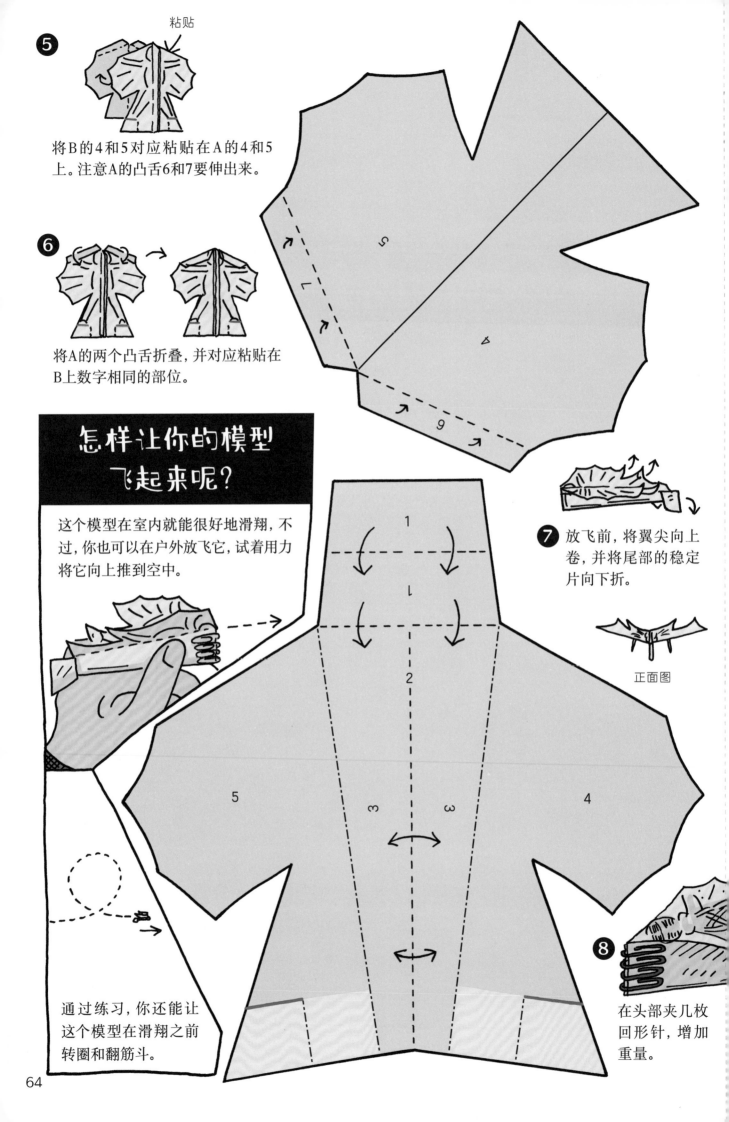

5 将B的4和5对应粘贴在A的4和5上。注意A的凸舌6和7要伸出来。

6 将A的两个凸舌折叠，并对应粘贴在B上数字相同的部位。

怎样让你的模型飞起来呢？

这个模型在室内就能很好地滑翔，不过，你也可以在户外放飞它，试着用力将它向上推到空中。

通过练习，你还能让这个模型在滑翔之前转圈和翻筋斗。

7 放飞前，将翼尖向上卷，并将尾部的稳定片向下折。

正面图

8 在头部夹几枚回形针，增加重量。

粘贴

乔治·凯利滑翔机

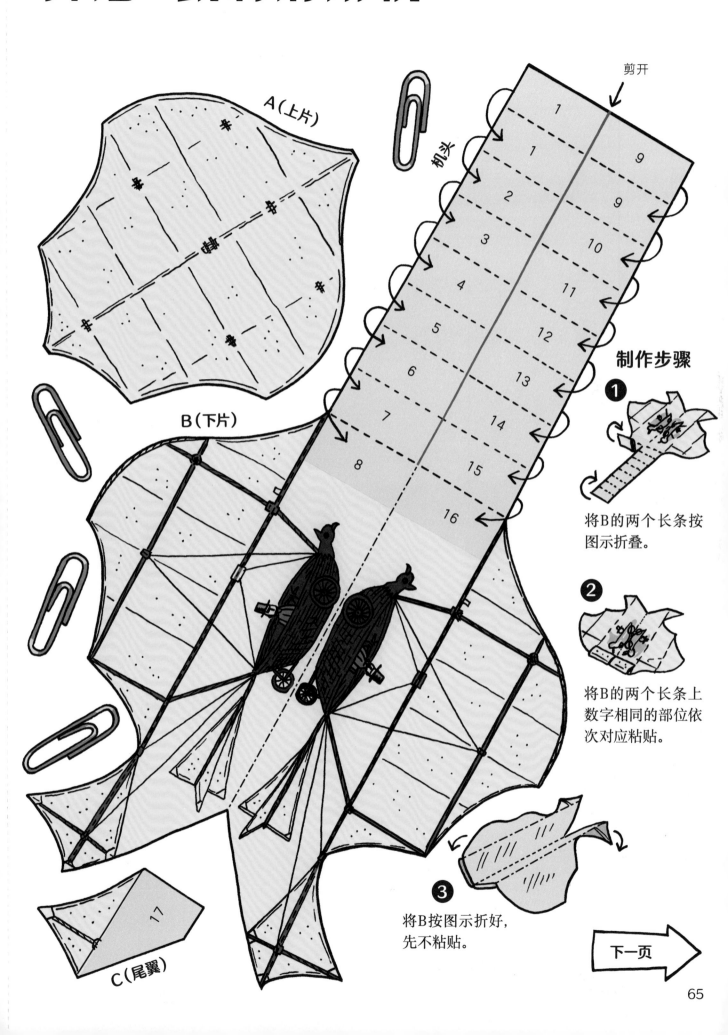

A（上片）

B（下片）

机头

剪开

1
1
2
3
4
5
6
7
8
9
9
10
11
12
13
14
15
16

C（尾翼）
17

制作步骤

1
将B的两个长条按图示折叠。

2
将B的两个长条上数字相同的部位依次对应粘贴。

3
将B按图示折好，先不粘贴。

下一页

在机头上夹几枚回形针，轻轻推到空中放飞。

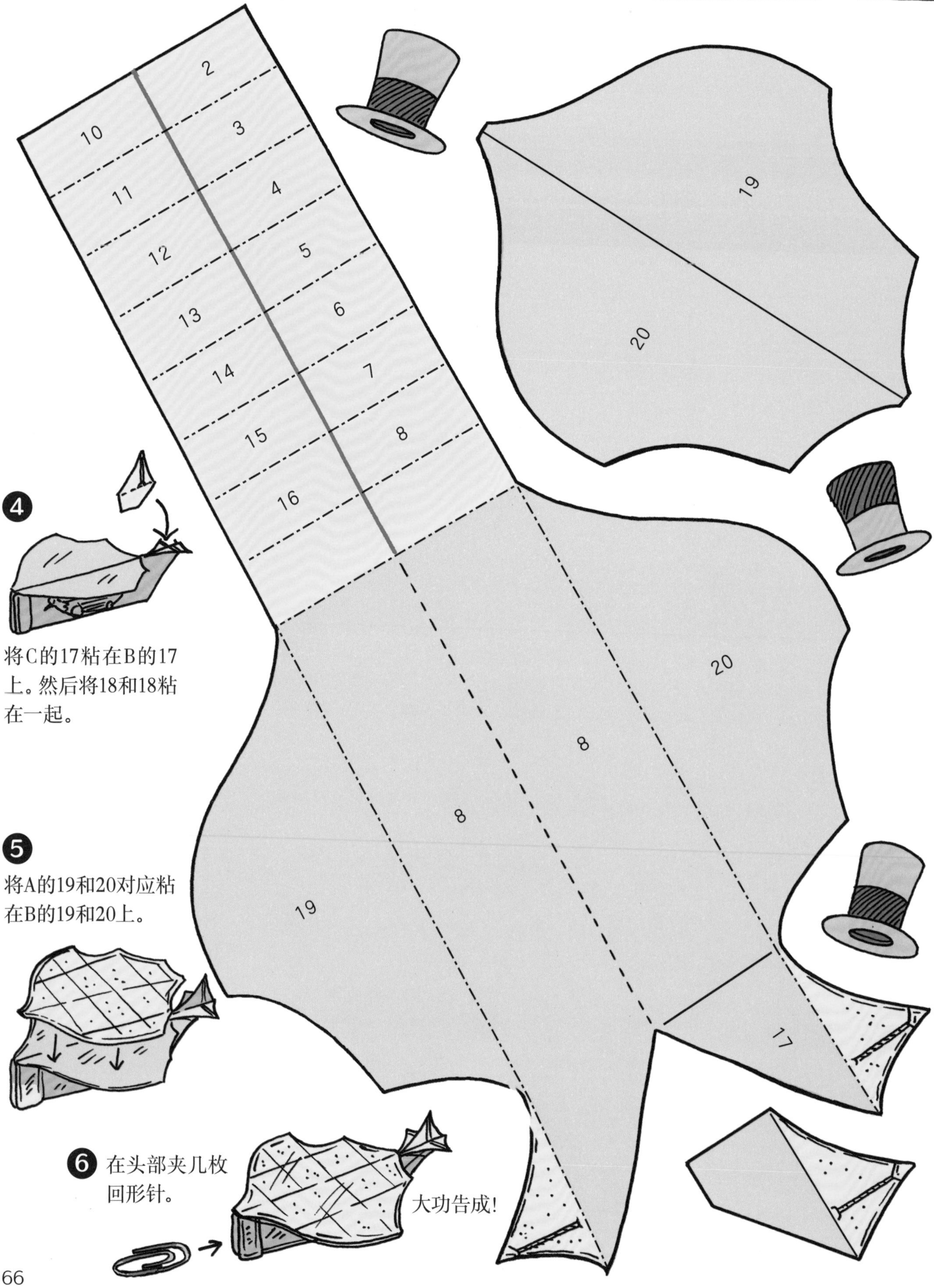

❹ 将C的17粘在B的17上。然后将18和18粘在一起。

❺ 将A的19和20对应粘在B的19和20上。

❻ 在头部夹几枚回形针。

大功告成！

利林塔尔滑翔机

制作步骤

1

将A正面朝上。

2

将A的上半部按图示折到后面。

你还要准备一枚
这样大小的硬币

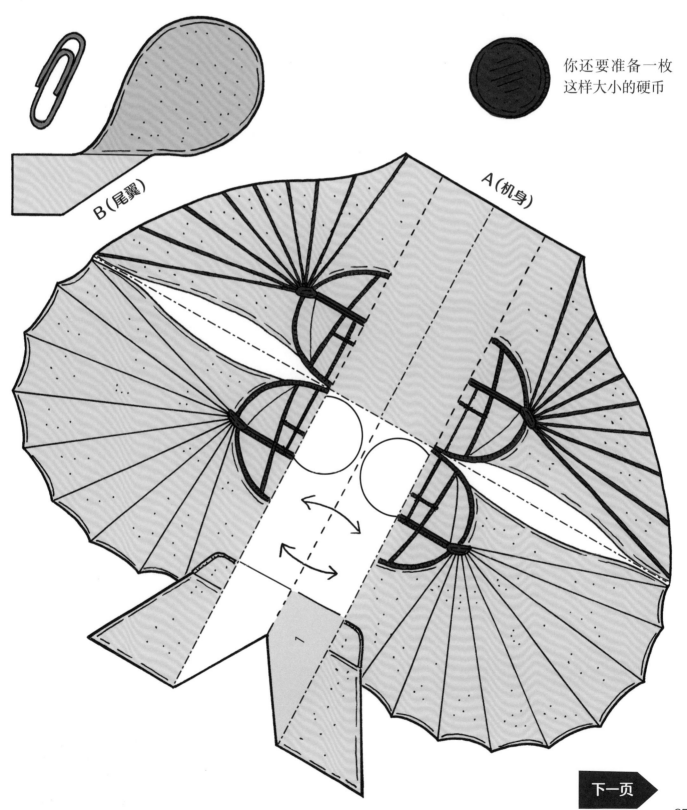

B(尾翼)

A(机身)

下一页

③
将B的1粘在A的1上。

④
将A按图示对折。

⑤
将A继续按图示折好两侧的机翼,使机翼在同一平面上。

⑥
在A头部的画有圆弧的位置插入一枚硬币。

⑦
用回形针将硬币固定好。

大功告成!

怎样让你的滑翔机飞起来呢?

将你的模型轻轻地推出去。硬币增加了滑翔机的重量,你要认真地瞄准才能让它飞到目的地。

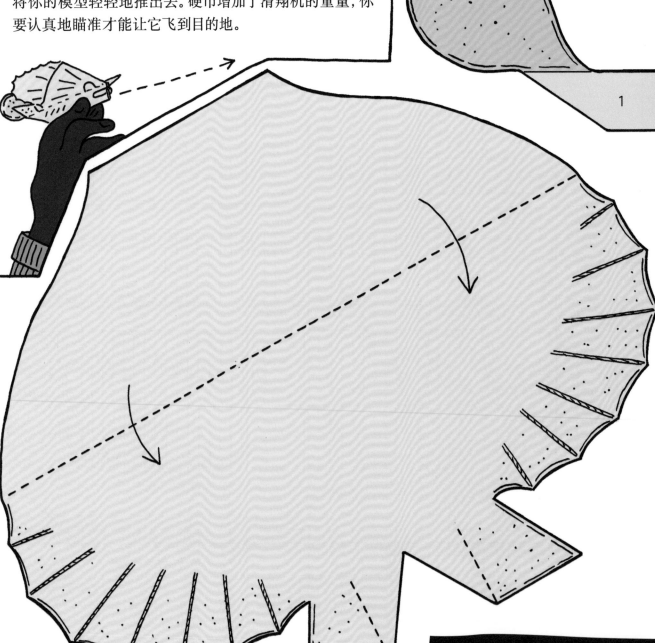

1

想让它飞得更好,你可以略微卷曲翼尖,或者试试不同重量的硬币。

飞行者1号

制作步骤

1 将A按图示折叠,并将1和1,2和2对应粘贴。

2 分别将A和B的两头按图示折叠。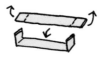

3 将B的3和4对应粘在A的3和4上,做出机翼。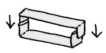

E(手柄)

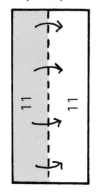

A(机翼主体)

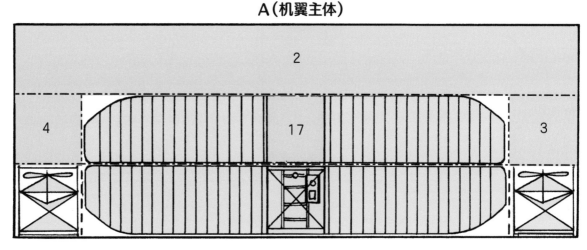

4 参照以上步骤,用C和D做出升降舵。

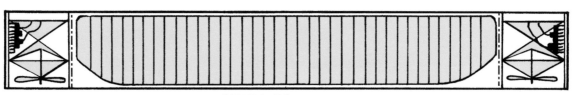

B(机翼上片)

F(机身)

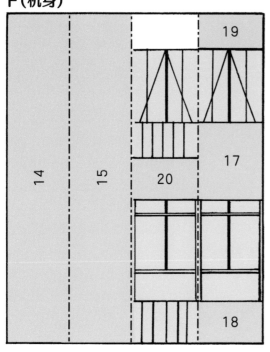

5 将E按图示对折,并将11和11粘在一起。再按图示继续折叠,并将12和12粘在一起,做出飞机的手柄。

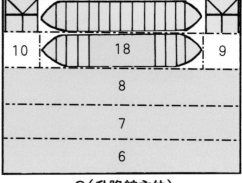

C(升降舵主体)

D(升降舵上片)

G(方向舵)

6 将F按图示折叠,并从13到15依次对应粘贴。

7 将G按图示折叠,并将16和16粘在一起,做出方向舵。

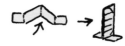

下一页

怎样让你的飞机飞起来呢？

握住手柄，将模型推到空中，它会平稳滑翔。

试试调整机翼和升降舵，将飞机调试到最佳飞行状态。

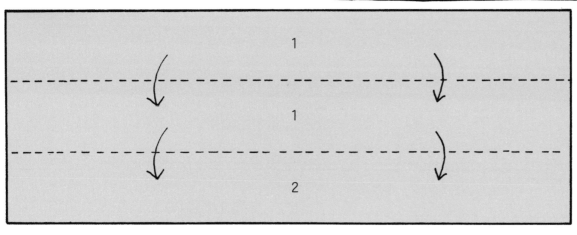

1

1

2

3

4

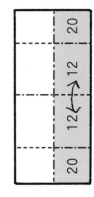

20		
12 ↔ 12		
20		

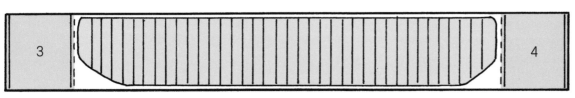

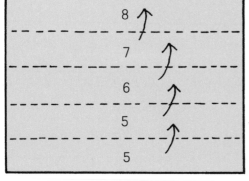

8 ↑

7

6

5

5

做好的模型是这样的：

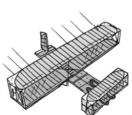

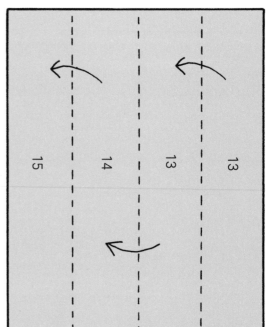

15 14 13 13

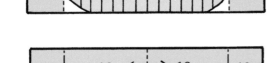

9 10

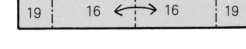

19	16 ↔ 16	19

❽ 按图示，将机翼、升降舵、方向舵和手柄，对应粘贴在机身上数字相同的部位。

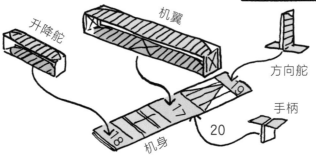

升降舵　机翼　方向舵　手柄

17　18　20　机身

❾ 在升降舵的前端夹两枚回形针，飞行者1号就做好了！随时准备起飞！

布雷里奥XI型单翼飞机

制作步骤

❶ 将A按图示折叠，压出折痕。

❷ 将1和1粘在一起，做出一个方管。再沿折痕从2到5依次对应粘贴。

做出机身

❸ 将C按图示折叠，并将6和6粘在一起，做出尾翼。

尾翼的垂直片

尾翼的水平面

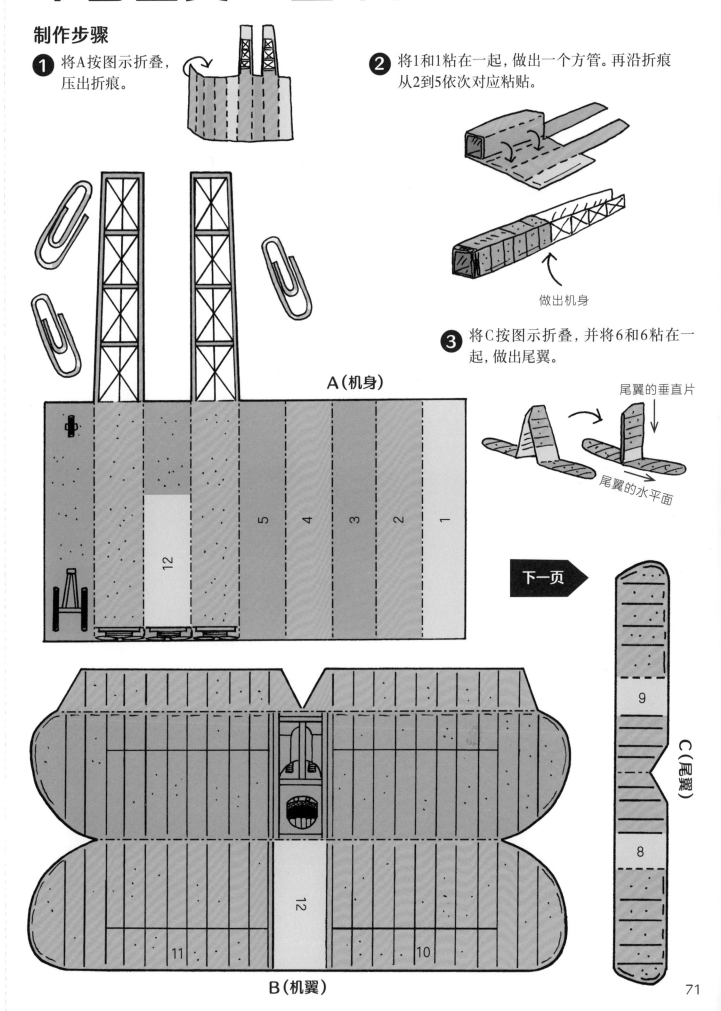

A（机身）

5

4

3

2

1

12

下一页

C（尾翼）

9

8

B（机翼）

12

11

10

71

4 将B按图示折叠,并将7和7粘在一起。

5 将B的两个凸舌折叠,并对应粘贴在数字相同的部位,做出机翼。

6 用机身的尾部夹住尾翼的垂直片,并将8和8,9和9对应粘贴。让机身上的数字12朝上,尾翼的水平面朝下。

粘贴　　　粘贴

7 将机翼的12粘到机身的12上。

8 在飞机的头部夹上四枚回形针。模型就做好了!

怎样放飞你的模型呢?

将模型轻轻推到空中。调整机翼和尾翼,以便达到最好的滑翔效果。

让它飞起来!

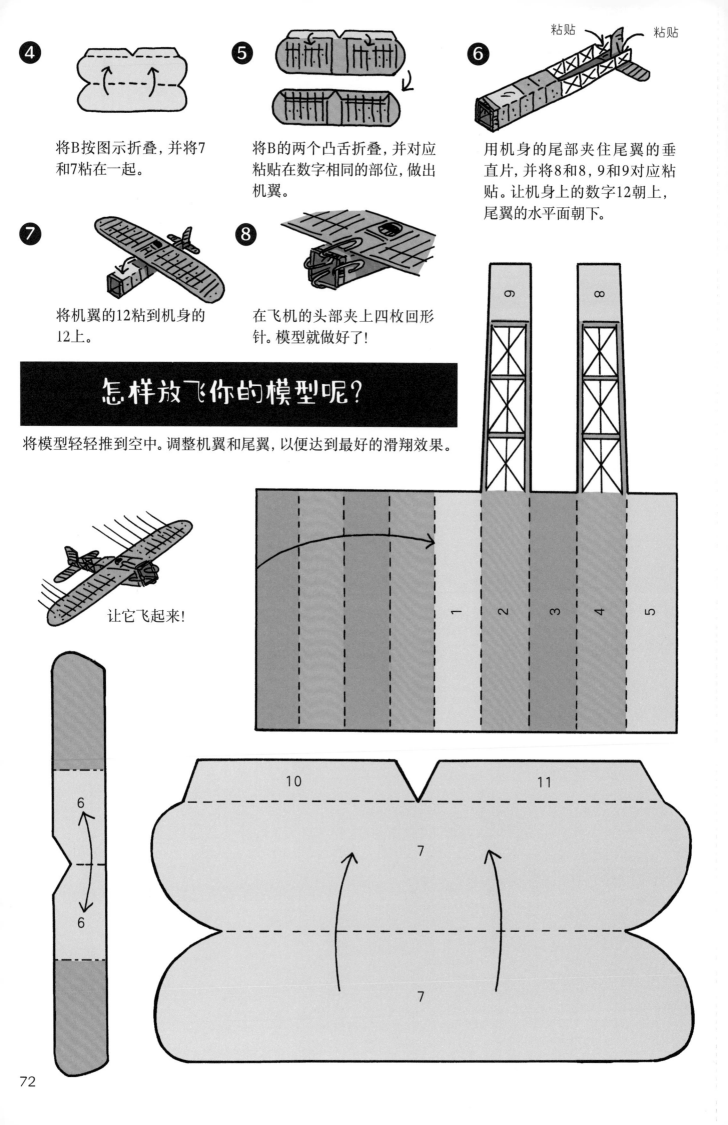

9

8

1

2

3

4

5

6

6

10

11

7

7

72

螺旋桨

制作步骤

先用A和B来做螺旋桨的
两片桨叶。

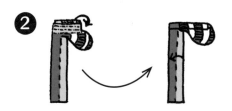

将A按图示折叠,并从1到6依次对
应粘贴,再将7和7粘在一起。

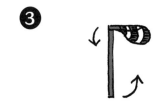

将上一步折成的长条绕着桨叶的
根部紧紧地卷起来。

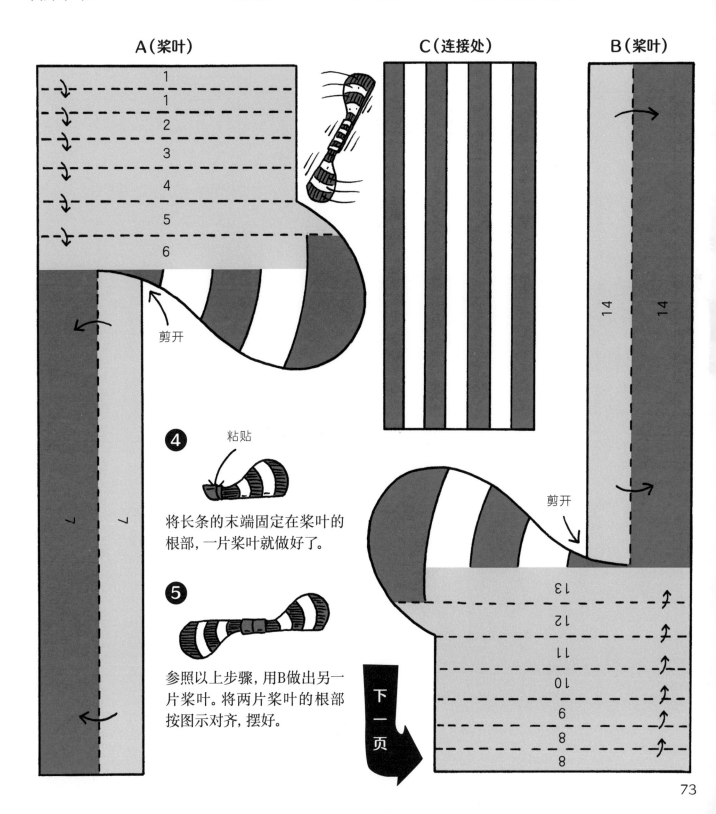

A(桨叶)

1
1
2
3
4
5
6

剪开

7
7

④

粘贴

将长条的末端固定在桨叶的
根部,一片桨叶就做好了。

⑤

参照以上步骤,用B做出另一
片桨叶。将两片桨叶的根部
按图示对齐,摆好。

下
一
页

C(连接处)

B(桨叶)

14
14

剪开

13
12
11
10
9
8
8

将桨叶的边缘略微向下卷。

将你的模型高高地抛向空中。

看! 它在下落时会旋转出彩环!

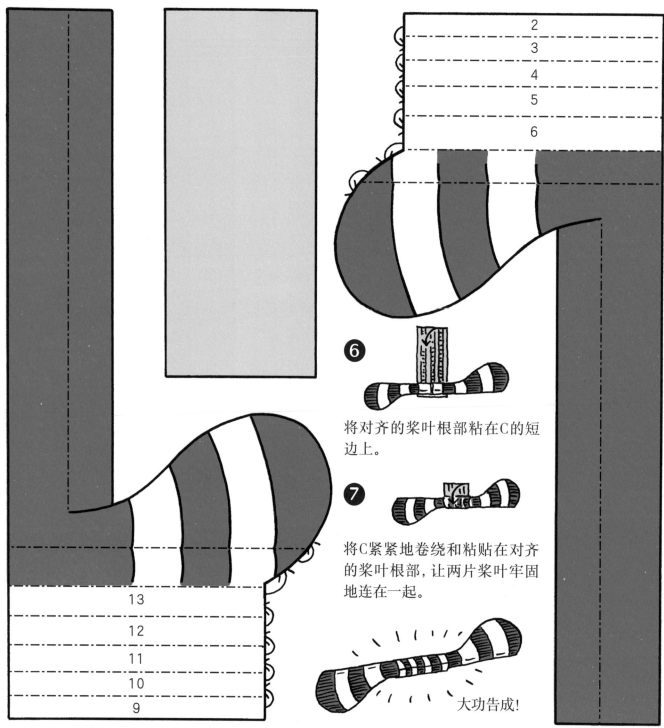

6 将对齐的桨叶根部粘在C的短边上。

7 将C紧紧地卷绕和粘贴在对齐的桨叶根部,让两片桨叶牢固地连在一起。

大功告成!

悬挂滑翔机

下一页 →

制作步骤

1 将A反面朝上，按图示折叠左上角，并将1和1粘在一起。

粘好后，左侧机翼会这样略微拱起。

2 折叠A的右上角，并将2和2粘在一起。

粘好后，两侧机翼拱起的弧度相同。

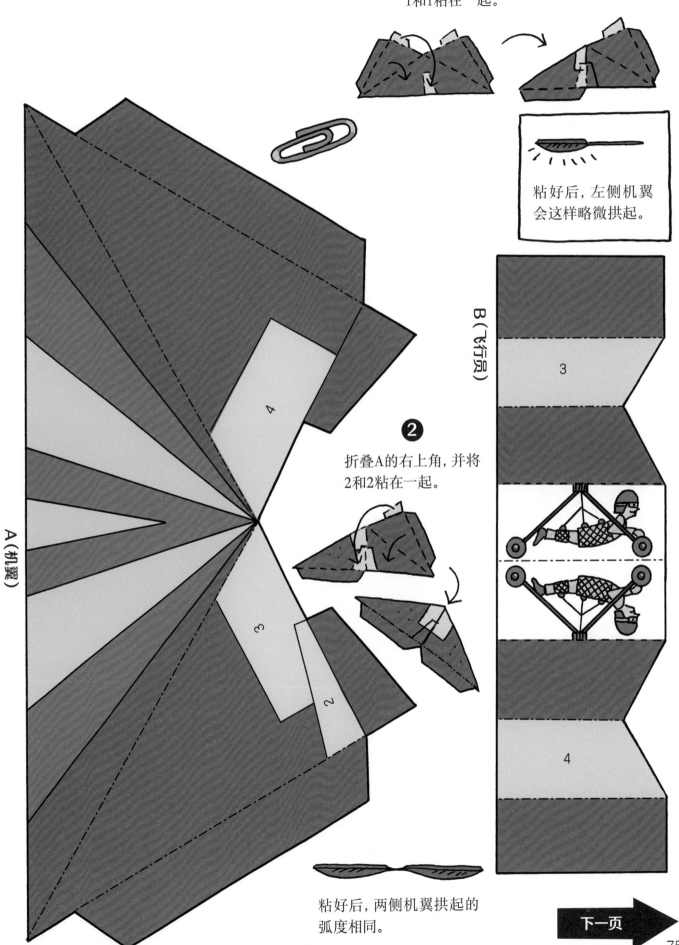

A（机翼）

B（飞行员）

3

4

3

2

4

3 按照下列步骤，用B做出飞行员：

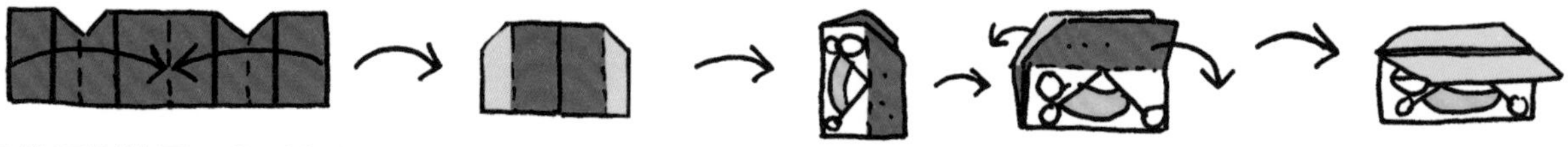

将B的两侧按图示分别向内
折叠，在中间对齐

再按图示对折

对折后的样子

按图示折叠两侧

让3和4在同一平面上

4

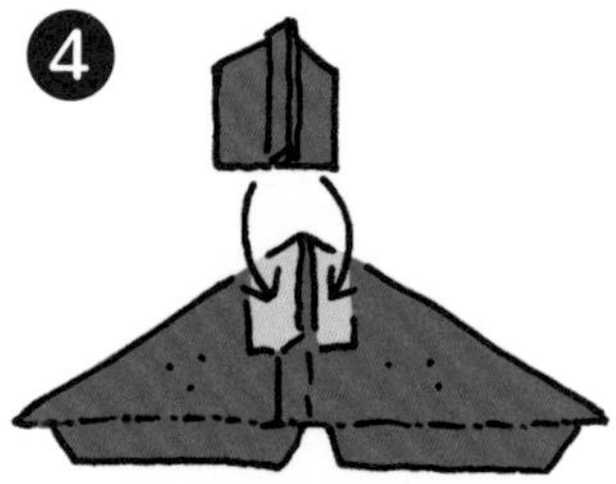

将飞行员的3和4对应粘贴
在A的3和4上。

5 在飞行员的前端夹四个以上的回形针。将机翼
后面的凸舌按图示折叠，使襟翼上翘。

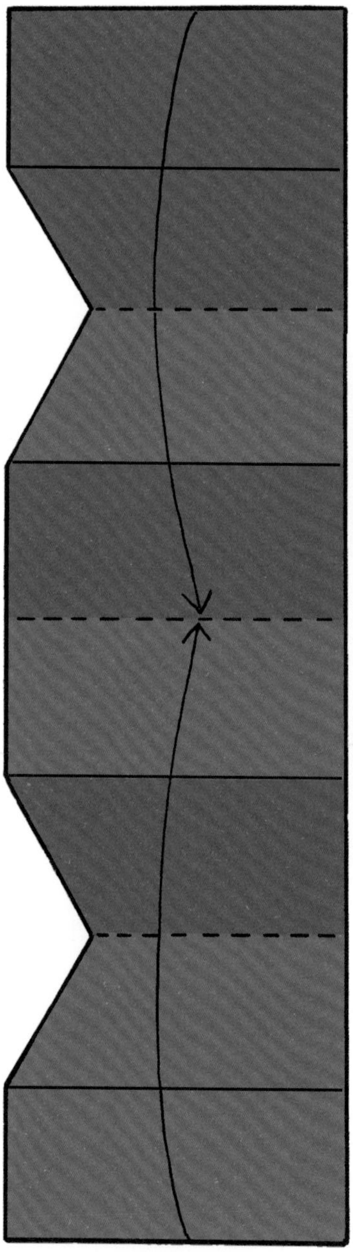

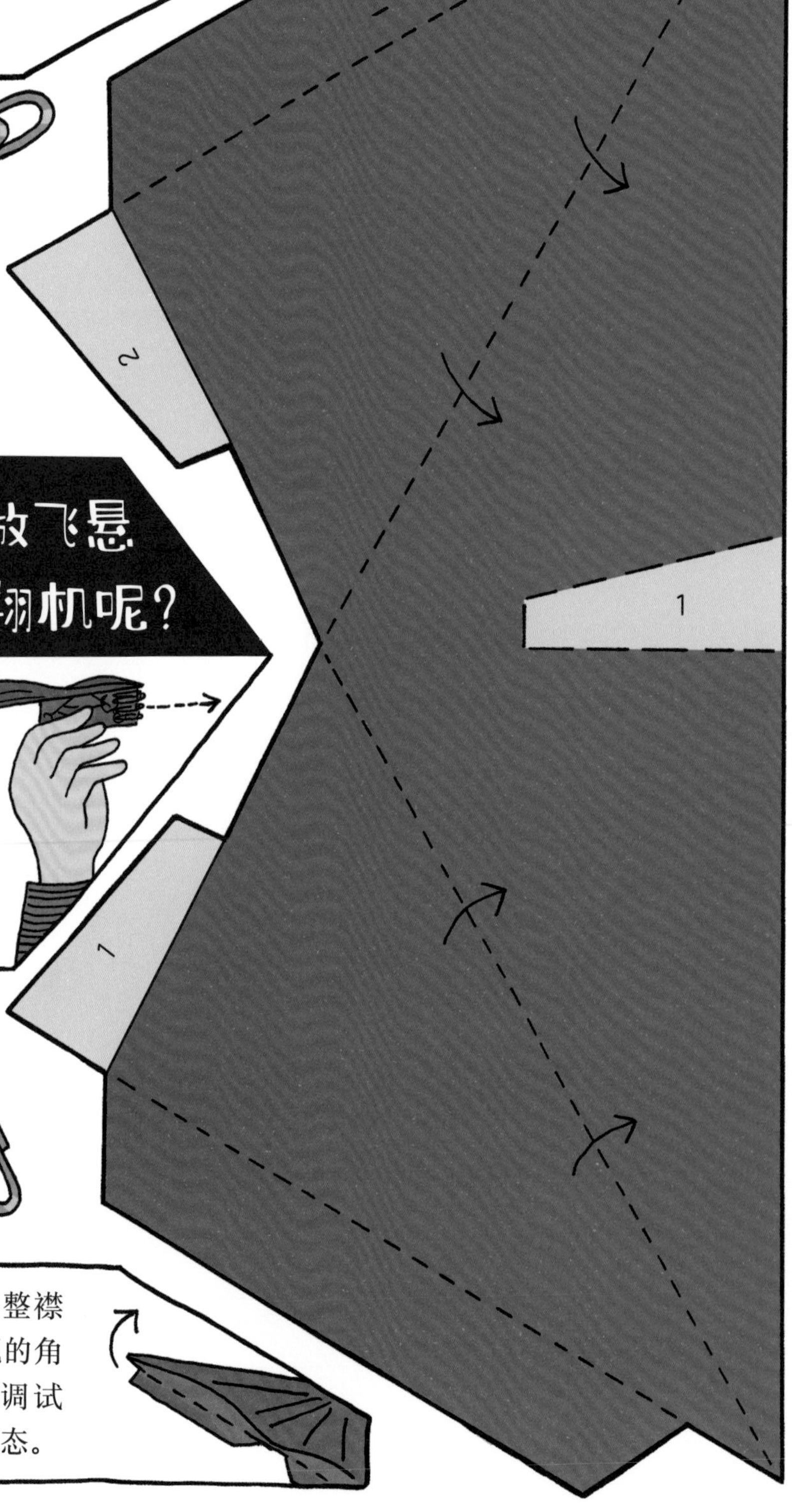

怎样放飞悬挂滑翔机呢？

用力一推，
放飞你的
模型。

2

1

1

可以调整襟
翼上翘的角
度，来调试
滑翔状态。

协和式飞机

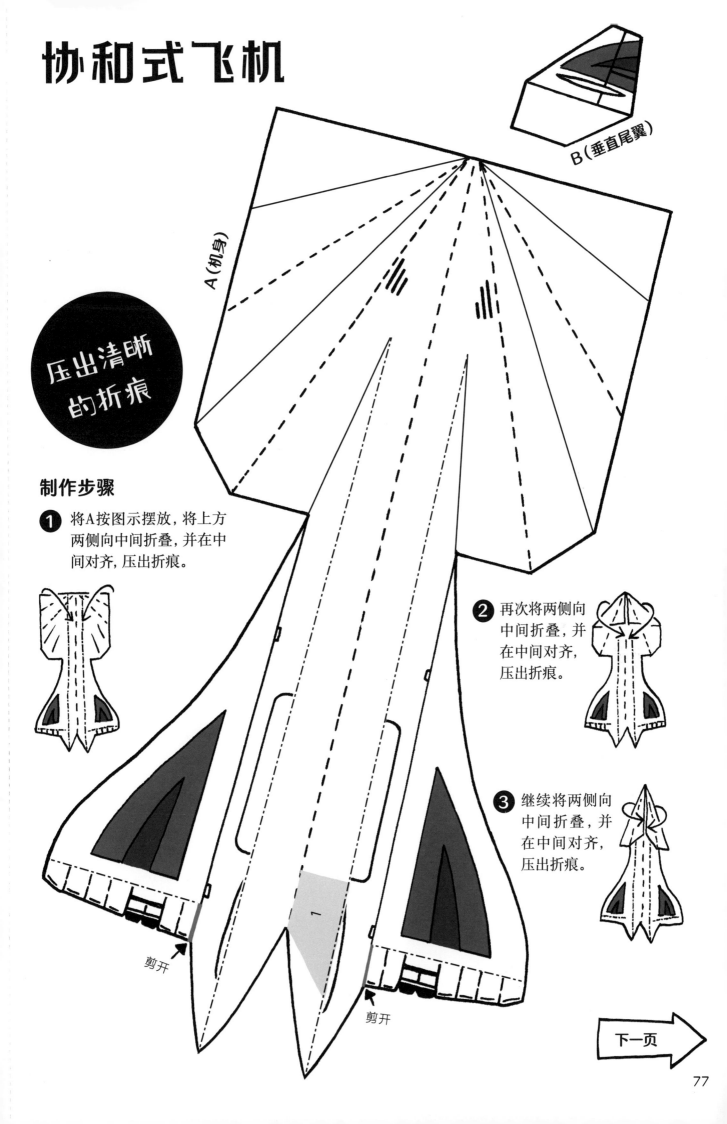

B（垂直尾翼）

A（机身）

压出清晰的折痕

制作步骤

1 将A按图示摆放，将上方两侧向中间折叠，并在中间对齐，压出折痕。

2 再次将两侧向中间折叠，并在中间对齐，压出折痕。

3 继续将两侧向中间折叠，并在中间对齐，压出折痕。

剪开

剪开

1

下一页

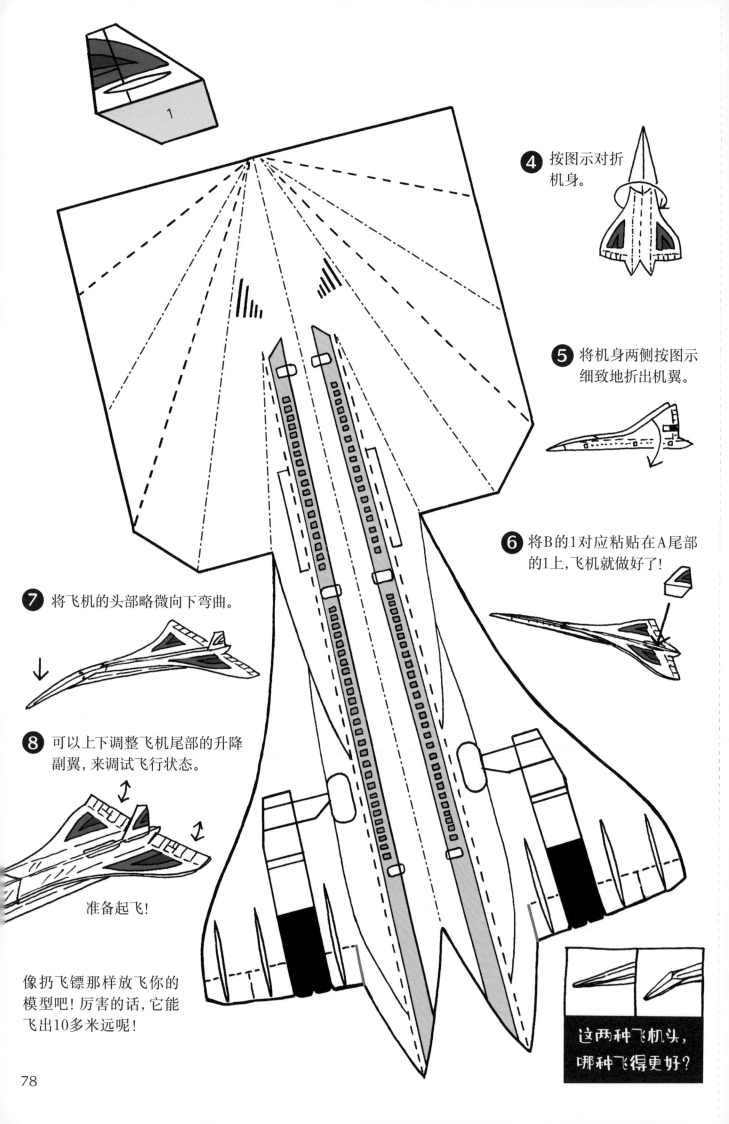

④ 按图示对折机身。

⑤ 将机身两侧按图示细致地折出机翼。

⑥ 将B的1对应粘贴在A尾部的1上，飞机就做好了！

⑦ 将飞机的头部略微向下弯曲。

⑧ 可以上下调整飞机尾部的升降副翼，来调试飞行状态。

准备起飞！

像扔飞镖那样放飞你的模型吧！厉害的话，它能飞出10多米远呢！

这两种飞机头，哪种飞得更好？

航天飞机

制作步骤

1 将A按图示折叠，并将凸舌3粘在底面3上。

粘贴

2 将A的头部粘在凸舌1和2上，再将凸舌4对应粘贴在底面4上，做出机身。

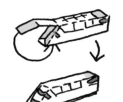

3 将C按图示折叠，并将5和5粘在一起，做出尾翼。

将尾翼的6粘在A尾部的6上。

4 将B的4粘在A的4上。

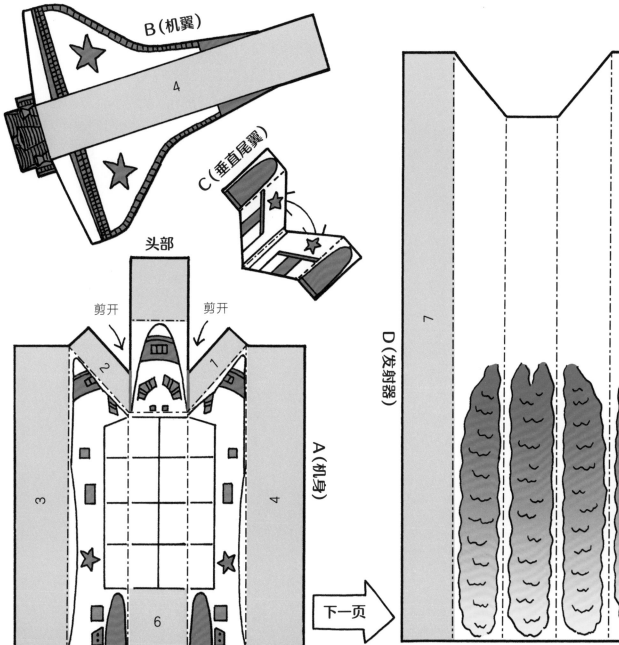

B（机翼）

4

C（垂直尾翼）

头部

剪开   剪开

2   1

3   4

A（机身）

6

下一页

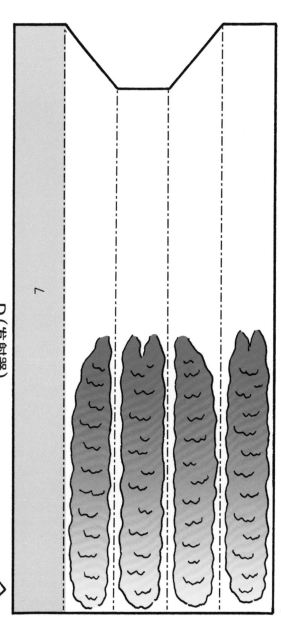

D（发射器）

7

79

⑤ 将D按图示折叠，并将7和7粘在一起，做出发射器。

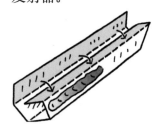

⑥ 在发射器的一端缠上透明胶带，以防呵气弄湿它。

⑦ 将发射器插入机身。航天飞机准备发射！

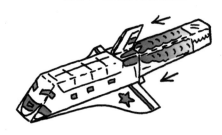

怎样发射你的航天飞机呢？

对着发射器猛吹一口气，你的航天飞机就发射出去了。可以通过调整机翼来改变飞行状态。

你也可以竖直向上发射它。

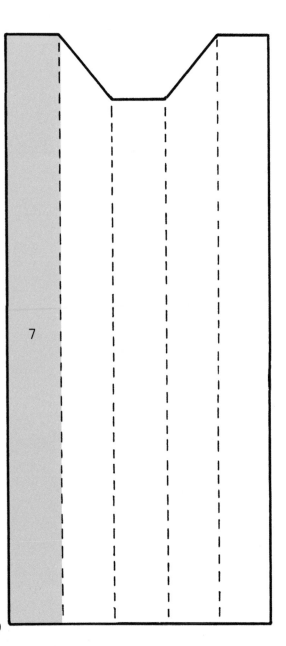

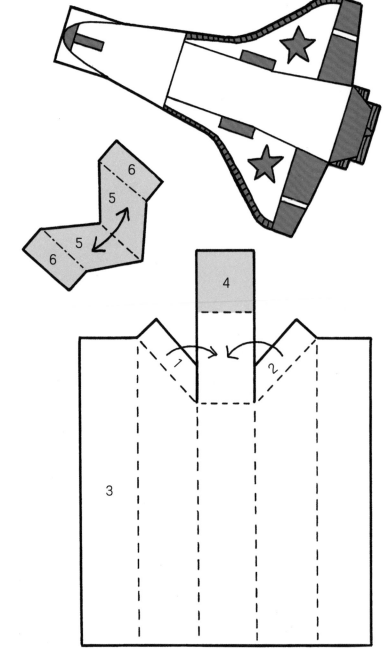